平法钢筋识图与下料

（依据 16G101 系列图集编写）

本书编委会　编

中国建筑工业出版社

图书在版编目（CIP）数据

平法钢筋识图与下料（依据 16G101 系列图集编写）/
《平法钢筋识图与下料（依据 16G101 系列图集编写）》
编委会编. —北京：中国建筑工业出版社，2017.5
ISBN 978-7-112-20769-5

Ⅰ．①平… Ⅱ．①平… Ⅲ．①钢筋混凝土结构-
建筑构图-识图②钢筋混凝土结构-结构计算 Ⅳ.
①TU375

中国版本图书馆 CIP 数据核字（2017）第 110771 号

本书根据《混凝土结构施工图平面整体表示方法制图规则和构造详图（现
浇混凝土框架、剪力墙、梁、板）》（16G101-1）、《中国地震动参数区划图》
（GB 18306—2015）、《混凝土结构设计规范（2015 年版）》（GB 50010—2010）、
《建筑抗震设计规范》（GB 50011—2010）、《建筑结构制图标准》（GB/T
50105—2010）、《高层建筑混凝土结构技术规程》（JGJ 3—2010）等标准编写，
全面介绍了平法钢筋识图与下料知识，并列举了大量的实例。主要介绍了梁构
件钢筋下料、柱构件钢筋下料、剪力墙构件钢筋下料以及板构件钢筋下料等
内容。

本书内容丰富，通俗易懂，具有很强的实用性与可操作性。可供建筑工程
设计人员、施工技术人员、工程造价人员以及相关专业师生学习参考。

责任编辑：张　磊　郭　栋
责任校对：王宇枢　张　颖

平法钢筋识图与下料

（依据 16G101 系列图集编写）

本书编委会　编

*

中国建筑工业出版社出版、发行（北京海淀三里河路 9 号）
各地新华书店、建筑书店经销
霸州市顺浩图文科技发展有限公司制版
北京富生印刷厂印刷

*

开本：787×1092 毫米　1/16　印张：12¾　字数：293 千字
2017 年 8 月第一版　2017 年 8 月第一次印刷
定价：35.00 元
ISBN 978-7-112-20769-5
（30360）

编 委 会

主　编　杜贵成

参　编（按姓氏笔画排序）

王红微　吕克顺　危　聪　刘秀民

刘艳君　孙石春　孙丽娜　李　瑞

李冬云　何　影　张　彤　张　敏

张文权　张黎黎　高少霞　殷鸿彬

隋红军　董　慧

前　言

钢筋下料作为实际施工的重要组成部分，也是钢筋加工工程的重要依据。钢筋下料计算是一项细致而又重要的工作，钢筋加工是以钢筋配料单作为依据的。由于钢筋加工数量往往很大，如果下料发生差错，就会造成钢筋加工错误，其后果是浪费人工、材料，耽误了工期，造成很大损失。所以学好钢筋下料计算对学好建筑施工以及实践工作有着重要意义。基于此，我们组织编写了这本书。

本书根据《混凝土结构施工图平面整体表示方法制图规则和构造详图（现浇混凝土框架、剪力墙、梁、板）》（16G101-1）、《中国地震动参数区划图》（GB 18306—2015）、《混凝土结构设计规范（2015 年版）》（GB 50010—2010）、《建筑抗震设计规范》（GB 50011—2010）、《建筑结构制图标准》（GB/T 50105—2010）、《高层建筑混凝土结构技术规程》（JGJ 3—2010）等标准编写，全面介绍了平法钢筋识图与下料知识，并列举了大量的实例。主要介绍了梁构件钢筋下料、柱构件钢筋下料、剪力墙构件钢筋下料以及板构件钢筋下料等内容。本书内容丰富，通俗易懂，具有很强的实用性与可操作性。可供建筑工程设计人员、施工技术人员、工程造价人员以及相关专业师生学习参考。

由于编写时间仓促，编写经验、理论水平有限，难免有疏漏、不足之处，敬请读者批评指正。

目　　录

1 概　　述

1.1 钢筋下料基础知识

1.1.1 钢筋的选用

《混凝土结构设计规范（2015 年版）》（GB 50010—2010）根据"四节一环保"要求，提倡应用高强、高性能钢筋。根据混凝土构件对受力性能要求，规定了各种牌号钢筋的选用原则。

（1）增加强度为 500MPa 级的高强热轧带肋钢筋；推广将 400MPa、500MPa 级高强热轧带肋钢筋作为纵向受力的主导钢筋推广应用，尤其是梁、柱和斜撑构件的纵向受力配筋应优先采用 400MPa、500MPa 级高强钢筋，500MPa 级高强钢筋用于高层建筑的柱、大跨度与重荷载梁的纵向受力配筋更为有利；淘汰直径 16mm 及以上的 HRB335 热轧带肋钢筋，保留小直径的 HRB335 钢筋，主要用于中、小跨度楼板配筋以及剪力墙的分布筋配筋，还可用于构件的箍筋与构造配筋；用 300MPa 级光圆钢筋取代 235MPa 级光圆钢筋，将其规格限于直径 6～14mm，主要用于小规格梁柱的箍筋与其他混凝土构件的构造配筋。对既有结构进行再设计时，235MPa 级光圆钢筋的设计值仍可按原规范取值。

（2）推广应用具有较好延性、可焊性、机械连接性能及施工适应性的 HRB 系列普通热轧带肋钢筋。列入采用控温轧制工艺生产的 HRBF400、HRBF500 系列细晶粒带肋钢筋，取消牌号 HRBF335 钢筋。

（3）RRB400 余热处理钢筋由轧制钢筋经高温淬水，余热处理后提高强度，资源能源消耗低、生产成本低。其延性、可焊性、机械连接性能及施工适应性也相应降低，一般可用于对变形性能及加工性能要求不高的构件中，如延性要求不高的基础、大体积混凝土、楼板以及次要的中小结构构件等。

（4）箍筋用于抗剪、抗扭及抗冲切设计时，其抗拉强度设计值发挥受到限制，不宜采用强度高于 400MPa 级的钢筋。当用于约束混凝土的间接配筋（如连续螺旋配箍或封闭焊接箍等）时，钢筋的高强度可以得到充分发挥，采用 500MPa 级钢筋具有一定的经济效益。

因此，在 G101 系列图集的应用过程中，混凝土结构应按下列规定选用钢筋：

（1）纵向受力普通钢筋可采用 HRB400、HRB500、HRBF400、HRBF500、HRB335、RRB400、HPB300 钢筋；梁、柱和斜撑构件的纵向受力普通钢筋宜采用 HRB400、HRB500、

HRBF400、HRBF500 钢筋。

（2）箍筋宜采用 HRB400、HRBF400、HRB335、HPB300、HRB500、HRBF500 钢筋。

（3）预应力筋宜采用预应力钢丝、钢绞线和预应力螺纹钢筋。

1.1.2 钢筋下料表

钢筋下料表是工程施工必需用到的表格，尤其是钢筋工更需要这样的表格，因为它可指导钢筋工进行钢筋下料。

1. 钢筋下料表与工程钢筋表的异同点

钢筋下料表的内容和工程钢筋表相似，也具有下列项目：构件编号、构件数量、钢筋编号、钢筋规格、钢筋形状、钢筋根数、每根长度、每构件长度、每构件重量以及总重量。

其中，钢筋下料表的构件编号、构件数量、钢筋编号、钢筋规格、钢筋形状、钢筋根数等项目与工程钢筋表完全一致，但在"每根长度"这个项目上，钢筋下料表和工程钢筋表有很大的不同：

工程钢筋表中某根钢筋的"每根长度"是指钢筋形状中各段细部尺寸之和；

而钢筋下料表某根钢筋的"每根长度"是指钢筋各段细部尺寸之和减掉在钢筋弯曲加工中的弯曲伸长值。

2. 钢筋的弯曲加工操作

在弯曲钢筋的操作中，除直径较小的钢筋（通常是 6mm、8mm、10mm 直径的钢筋）采用钢筋扳子进行手工弯曲外，直径较大的钢筋均采用钢筋弯曲机进行钢筋弯曲的工作。

钢筋弯曲机的工作盘上有成型轴和心轴，工作台上还有挡铁轴用来固定钢筋。在弯曲钢筋时，工作盘转动，靠成型轴和心轴的力矩使钢筋弯曲。钢筋弯曲机工作盘的转动可以变速，工作盘转速快，可弯曲直径较小的钢筋；工作盘转速慢，可弯曲直径较大的钢筋。

在弯曲不同直径的钢筋时，心轴和成型轴是可以更换不同的直径。更换的原则是：考虑弯曲钢筋的内圆弧，心轴直径应是钢筋直径的 2.5～3 倍，同时，钢筋在心轴和成型轴之间的空隙不超过 2mm。

3. 钢筋的弯曲伸长值

钢筋弯曲之后，其长度会发生变化。一根直钢筋，弯曲几道以后，测量几个分段的长度相加起来，其总长度会大于直钢筋原来的长度，这就是"弯曲伸长"的影响。

弯曲伸长的原因有：

（1）钢筋经过弯曲后，弯角处不再是直角，而是圆弧。但在量度钢筋的时候，是从钢筋外边缘线的交点量起的，这样就会把钢筋量长了。

（2）测量钢筋长度时，是以外包尺寸作为量度标准，这样就会把一部分长度重复测量，尤其是弯曲 90°及 90°以上的钢筋。

（3）钢筋在实施弯曲操作时，在弯曲变形的外侧圆弧上会发生一定的伸长。

实际上，影响钢筋弯曲伸长的因素有很多，钢筋种类、钢筋直径、弯曲操作时选用的钢筋弯曲机的心轴直径等等，均会影响到钢筋的弯曲伸长率。因此，应在钢筋弯曲实际操作中收集实测数据，根据施工实践的资料来确定具体的弯曲伸长率。

几种角度的钢筋弯曲伸长率（d 为钢筋直径），见表 1-1。

几种角度的钢筋弯曲伸长率（d 为钢筋直径）　　　　　　表 1-1

弯曲角度	30°	45°	60°	90°	135°
伸长率	$0.35d$	$0.5d$	$0.85d$	$2d$	$2.5d$

1.1.3 钢筋下料长度的概念

1. 外皮尺寸

结构施工图中所标注的钢筋尺寸，是钢筋的外皮尺寸。外皮尺寸是指结构施工图中钢筋外边缘至结构外边缘之间的长度，是施工中度量钢筋长度的基本依据。它和钢筋的下料尺寸是不一样的。

钢筋材料明细表（见表 1-2）中简图栏的钢筋长度 L_1，如图 1-1 所示。L_1 是出于构造的需要标注的，所以钢筋材料明细表中所标注的尺寸是外皮尺寸。通常情况下，钢筋的边界线是从钢筋外皮到混凝土外表面的距离（保护层厚度）来考虑标注钢筋尺寸的。故这里所指的 L_1 是设计尺寸，不是钢筋加工下料的施工尺寸，如图 1-2 所示。

钢筋材料明细表　　　　　　　　　表 1-2

钢筋编号	简　　图	规　　格	数　　量
①	L_2 ⌐——— L_1 ———⌐ L_2	$\phi 22$	2

图 1-1　表 1-2 的钢筋长度

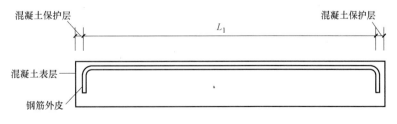

混凝土保护层　　　　　L_1　　　　　混凝土保护层

混凝土表层

钢筋外皮

图 1-2　设计尺寸

2. 钢筋下料长度

钢筋加工前按直线下料,加工变形以后,钢筋外边缘(外皮)伸长,内边缘(内皮)缩短,但钢筋中心线的长度是不会改变的。

如图 1-3 所示,结构施工图上所示受力主筋的尺寸界限就是钢筋的外皮尺寸。钢筋加工下料的实际施工尺寸为($ab+bc+cd$),其中 ab 为直线段,bc 线段为弧线,cd 为直线段。除此之外,箍筋的设计尺寸,通常采用的是内皮标注尺寸的方法。计算钢筋的下料长度,就是计算钢筋中心线的长度。

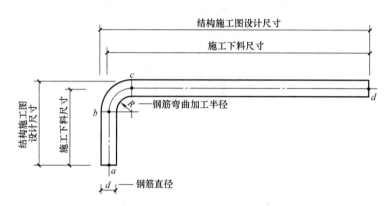

图 1-3 结构施工图上所示钢筋的尺寸界限

3. 差值

在钢筋材料明细表的简图中,所标注外皮尺寸之和大于钢筋中心线的长度。它所多出来的数值,就是差值,可用下式来表示:

$$钢筋外皮尺寸之和-钢筋中心线的长度=差值 \tag{1-1}$$

对于标注内皮尺寸的钢筋,其差值随角度的不同,有可能是正,也有可能是负。差值分为外皮差值和内皮差值两种。

(1)外皮差值:如图 1-4 所示是结构施工图上 90°弯折处的钢筋,它是沿外皮($xy+yz$)衡量尺寸的。而如图 1-5 所示弯曲处的钢筋,则是沿钢筋的中和轴(钢筋被弯曲后,既不伸长也不缩短的钢筋中心线)ab 弧线的弧长。因此,折线($xy+yz$)的长度与弧线的弧长 ab 之间的差值,称为"外皮差值"。$xy+yz>ab$。外皮差值通常用于受力主筋的

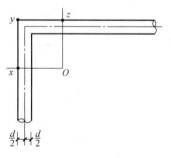

图 1-4 90°弯折钢筋

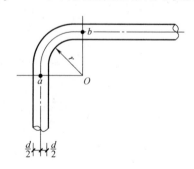

图 1-5 90°弯曲钢筋

弯曲加工下料计算。

（2）内皮差值：图1-6所示是结构施工图上90°弯折处的钢筋，它是沿内皮（xy+yz）测量尺寸的。而图1-7所示弯曲处的钢筋，则是沿钢筋的中和轴弧线 ab 测量尺寸的。因此，折线（xy+yz）的长度与弧线的弧长 ab 之间的差值，称为"内皮差值"。（xy+yz）>ab，即90°内皮折线（xy+yz）仍然比弧线 ab 长。内皮差值通常用于箍筋弯曲加工下料的计算。

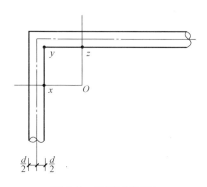

图1-6 90°弯折钢筋   图1-7 90°弯曲钢筋

4. 箍筋内皮尺寸

梁和柱中的箍筋，通常用内皮尺寸标注，这样便于设计。梁、柱截面的高度、宽度与保护层厚度的差值即为箍筋高度、宽度的内皮尺寸，如图1-8所示。墙、梁、柱的混凝土保护层厚度见表1-3，混凝土结构的环境类别见表1-4。

混凝土保护层的最小厚度   表 1-3

环境类别	板、墙	梁、柱
一	15	20
二 a	20	25
二 b	25	35
三 a	30	40
三 b	40	50

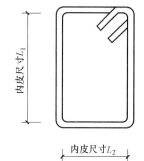

图1-8 箍筋高度、宽度的内皮尺寸

注：1. 表中混凝土保护层厚度指最外层钢筋外边缘至混凝土表面的距离，适用于设计使用年限为50年的混凝土结构。

2. 构件中受力钢筋的保护层厚度不应小于钢筋的公称直径。

3. 一类环境中，设计使用年限为100年的结构最外层钢筋的保护层厚度不应小于表中数值的1.4倍；二、三类环境中，设计使用年限为100年的结构应采取专门的有效措施。

4. 混凝土强度等级不大于C25时，表中保护层厚度数值应增加5。

5. 基础地面钢筋的保护层厚度，有混凝土垫层时应从垫层顶面算起，且不应小于40。

混凝土结构的环境类别   表 1-4

环境类别	条件
一	室内干燥环境 无侵蚀性静水浸没环境

续表

环境类别	条　件
二 a	室内潮湿环境 非严寒和非寒冷地区的露天环境 非严寒和非寒冷地区与无侵蚀性的水或土壤直接接触的环境 严寒和寒冷地区的冰冻线以下与无侵蚀性的水或土壤直接接触的环境
二 b	干湿交替环境 水位频繁变动环境 严寒和寒冷地区的露天环境 严寒和寒冷地区冰冻线以上与无侵蚀性的水或土壤直接接触的环境
三 a	严寒和寒冷地区冬季水位变动区环境 受除冰盐影响环境 海风环境
三 b	盐渍土环境 受除冰盐作用环境 海岸环境
四	海水环境
五	受人为或自然的侵蚀性物质影响的环境

注：1. 室内潮湿环境是指构件表面经常处于结露或湿润状态的环境。
　　2. 严寒和寒冷地区的划分应符合国家现行标准《民用建筑热工设计规范》（GB 50176—1993）的有关规定。
　　3. 海岸环境和海风环境宜根据当地情况，考虑主导风向及结构所处迎风、背风部位等因素的影响，由调查研究和工程经验确定。
　　4. 受除冰盐影响环境是指受到除冰盐盐雾影响的环境；受除冰盐作用环境是指被除冰盐溶液溅射的环境以及使用除冰盐地区的洗车房、停车楼等建筑。
　　5. 暴露的环境是指混凝土结构表面所处的环境。

1.1.4　基本公式

1. 角度基准

钢筋弯曲前的原始状态——笔直的钢筋，弯折以前为 0°。这个 0° 的钢筋轴线，就是"角度基准"。如图 1-9 所示，部分弯折后的钢筋轴线与弯折以前的钢筋轴线（点划线）所形成的角度即为加工弯曲角度。

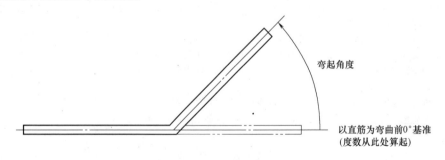

图 1-9　角度基准

2. 外皮差值计算公式

（1）小于或等于 90° 钢筋弯曲外皮差值计算公式

如图 1-10 所示，钢筋的直径大小为 d；钢筋弯曲的加工半径为 R。钢筋加工弯曲后，钢筋内皮 pq 间弧线，就是以 R 为半径的弧线，设钢筋弯折的角度为 α。

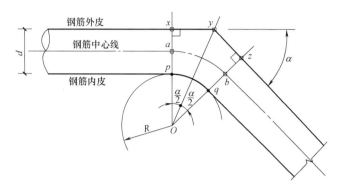

图 1-10　小于或等于 90°钢筋弯曲外皮差值计算示意图

自 O 点引垂直线交水平钢筋外皮线于 x 点，再从 O 点引垂直线交倾斜钢筋外皮线于 z 点。$\angle xOz$ 等于 α。Oy 平分 $\angle xOz$，因此 $\angle xOy$、$\angle zOy$ 均为 $\alpha/2$。

如前所述，钢筋加工弯曲后，其中心线的长度是不变的。（$xy+yz$）的展开长度，同弧线 ab 的展开长度之差，即为所求的差值。

$$|\overline{xy}| = |\overline{yz}| = (R+d) \times \tan\frac{\alpha}{2}$$

$$|\overline{xy}| + |\overline{yz}| = 2 \times (R+d) \times \tan\frac{\alpha}{2}$$

$$\overset{\frown}{ab} = \left(R+\frac{d}{2}\right) \times a$$

$$|\overline{xy}| + |\overline{yz}| - \overset{\frown}{ab} = 2 \times (R+d) \times \tan\frac{\alpha}{2} - \left(R+\frac{d}{2}\right) \times a$$

以角度 α、弧度 a 和 R 为变量计算的外皮差值公式为：

$$2 \times (R+d) \times \tan\frac{\alpha}{2} - \left(R+\frac{d}{2}\right) \times a \qquad (1\text{-}2)$$

式中　α——角度，单位为度（°）；

　　　a——弧度。

用角度 α 换算弧度 a 的公式如下：

$$\text{弧度} = \pi \times \frac{\text{角度}}{180°}\left(\text{即 } a = \pi \times \frac{\alpha}{180°}\right) \qquad (1\text{-}3)$$

将式（1-2）中角度换算成弧度，即：

$$2 \times (R+d) \times \tan\frac{\alpha}{2} - \left(R+\frac{d}{2}\right) \times \pi \times \frac{\alpha}{180°} \qquad (1\text{-}4)$$

（2）常用钢筋加工弯曲半径的设定

常用钢筋加工弯曲半径应符合表 1-5 的规定。

常用钢筋加工弯曲半径 R 表 1-5

钢 筋 用 途	钢筋加工弯曲半径 R
HPB300 级箍筋、拉筋	$2.5d$ 且 $>d/2$
HPB300 级主筋	$\geqslant 1.25d$
HRB335 级主筋	$\geqslant 2d$
HRB400 级主筋	$\geqslant 2.5d$
平法框架主筋直径 $d \leqslant 25mm$	$4d$
平法框架主筋直径 $d > 25mm$	$6d$
平法框架顶层边节点主筋直径 $d \leqslant 25mm$	$6d$
平法框架顶层边节点主筋直径 $d > 25mm$	$8d$
轻骨料混凝土结构构件 HPB300 级主筋	$\geqslant 1.75d$

（3）标注钢筋外皮尺寸的差值

下面根据外皮差值公式求证 $30°$、$45°$、$60°$、$90°$、$135°$、$180°$ 弯曲钢筋外皮差值的系数：

1）根据图 1-10 原理求证，当 $R = 2.5d$ 时，$30°$ 钢筋的外皮差值系数：

$$30° 外皮差值 = 2 \times (R+d) \times \tan\frac{\alpha}{2} - \left(R+\frac{d}{2}\right) \times \pi \times \frac{\alpha}{180°}$$

$$= 2 \times (2.5d+d) \times \tan\frac{30°}{2} - \left(2.5d+\frac{d}{2}\right) \times \pi \times \frac{30°}{180°}$$

$$= 2 \times 3.5d \times 0.2679 - 3d \times 3.1416 \times \frac{1}{6}$$

$$= 1.8753d - 1.5708d$$

$$\approx 0.305d$$

2）根据图 1-10 原理求证，当 $R = 2.5d$ 时，$45°$ 钢筋的外皮差值系数：

$$45° 外皮差值 = 2 \times (R+d) \times \tan\frac{\alpha}{2} - \left(R+\frac{d}{2}\right) \times \pi \times \frac{\alpha}{180°}$$

$$= 2 \times (2.5d+d) \times \tan\frac{45°}{2} - \left(2.5d+\frac{d}{2}\right) \times \pi \times \frac{45°}{180°}$$

$$= 2 \times 3.5d \times 0.4142 - 3d \times 3.1416 \times \frac{1}{4}$$

$$= 2.8994d - 2.3562d$$

$$\approx 0.543d$$

3）根据图 1-10 原理求证，当 $R = 2.5d$ 时，$60°$ 钢筋的外皮差值系数：

$$60° 外皮差值 = 2 \times (R+d) \times \tan\frac{\alpha}{2} - \left(R+\frac{d}{2}\right) \times \pi \times \frac{\alpha}{180°}$$

$$= 2 \times (2.5d+d) \times \tan\frac{60°}{2} - \left(2.5d+\frac{d}{2}\right) \times \pi \times \frac{60°}{180°}$$

$$= 2 \times 3.5d \times 0.5774 - 3d \times 3.1416 \times \frac{1}{3}$$

$$=4.0418d-3.1416d$$

$$\approx0.9d$$

4）根据图 1-10 原理求证，当 $R=2.5d$ 时，90°钢筋的外皮差值系数：

$$90°外皮差值=2\times(R+d)\times\tan\frac{\alpha}{2}-\left(R+\frac{d}{2}\right)\times\pi\times\frac{\alpha}{180°}$$

$$=2\times(2.5d+d)\times\tan\frac{90°}{2}-\left(2.5d+\frac{d}{2}\right)\times\pi\times\frac{90°}{180°}$$

$$=2\times3.5d\times1-3d\times3.1416\times\frac{1}{2}$$

$$=7d-4.7124d$$

$$\approx2.288d$$

5）根据图 1-10 原理求证，当 $R=2.5d$ 时，135°钢筋的外皮差值系数，在此可以把 135°看做是 90°+45°。

上面已经求出 90°钢筋的外皮差值系数为 2.288d，45°钢筋的外皮差值系数为 0.543d，所以 135°钢筋的外皮差值系数为 2.288d+0.543d=2.831d。

6）根据图 1-10 原理求证，当 $R=2.5d$ 时，180°钢筋的外皮差值系数，在此可以把 180°看做是 90°+90°。

上面已经求出 90°钢筋的外皮差值系数为 2.288d，所以 180°钢筋的外皮差值系数为 2×2.288d=4.576d。

在此，不再——求证计算。为便于查找，标注钢筋外皮尺寸的差值表见表 1-6。

钢筋外皮尺寸的差值　　　　　　　表 1-6

弯曲角度	HPB300 级主筋	轻骨料中 HPB300 级主筋	HRB335 级主筋	HRB400 级主筋	箍筋	平法框架主筋		
	$R=1.25d$	$R=1.75d$	$R=2d$	$R=2.5d$	$R=2.5d$	$R=4d$	$R=6d$	$R=8d$
30°	0.29d	0.296d	0.299d	0.305d	0.305d	0.323d	0.348d	0.373d
45°	0.49d	0.511d	0.522d	0.543d	0.543d	0.608d	0.694d	0.78d
60°	0.765d	0.819d	0.846d	0.9d	0.9d	1.061d	1.276d	1.491d
90°	1.751d	1.966d	2.073d	2.288d	2.288d	2.931d	3.79d	4.648d
135°	2.24d	2.477d	2.595d	2.831d	2.831d	3.539d	4.484d	5.428d
180°	3.502d	3.932d	4.146d	4.576d	4.576d			

注：1. 135°和 180°的差值必须具备准确的外皮尺寸值。
　　2. 平法框架主筋 $d\leqslant25mm$ 时，$R=4d(6d)$；$d>25mm$ 时，$R=6d(8d)$。括号内为顶层边节点要求。

135°钢筋的弯曲差值，要绘出其外皮线，如图 1-11 所示。外皮线的总长度为 $wx+xy+yz$，下料长度为 $wx+xy+yz-135°$的量度差值。按如图 1-10 所示推导算式，

90°弯钩的展开弧线长度 $=2\times(R+d)+2\times(R+d)\times\tan\frac{\alpha}{2}$，则

$$下料长度=2\times(R+d)+2\times(R+d)\times\tan\frac{\alpha}{2}-135°的量度差值 \qquad (1-5)$$

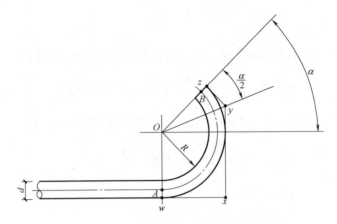

图 1-11 135°钢筋的弯曲差值计算示意图

按相关规定要求，钢筋的加工弯曲直径取 $D=5d$ 时，求得各弯折角度的量度近似差值，见表 1-7。

<table>
<tr><td colspan="5" align="center">钢筋弯折量度近似差值</td><td align="right">表 1-7</td></tr>
<tr><td>弯折角度</td><td>30°</td><td>45°</td><td>60°</td><td>90°</td><td>135°</td></tr>
<tr><td>量度差值</td><td>0.3d</td><td>0.5d</td><td>1.0d</td><td>2.0d</td><td>3.0d</td></tr>
</table>

3. 内皮差值计算公式

（1）小于或等于 90°钢筋弯曲内皮差值计算公式

小于或等于 90°钢筋弯曲内皮差值计算示意图如图 1-12 所示。

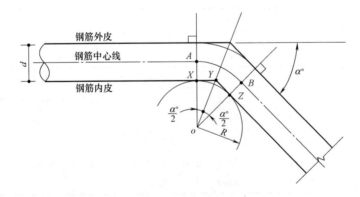

图 1-12 小于或等于 90°钢筋弯曲内皮差值计算示意图

折线的长度：
$$\overline{XY}=\overline{YZ}=R\times\tan\frac{\alpha}{2}$$

两折线之和的展开长度：
$$\overline{XY}+\overline{YZ}=2\times R\times\tan\frac{\alpha}{2}$$

弧线展开长度：
$$\widehat{AB}=\left(R+\frac{d}{2}\right)\times\pi\times\frac{\alpha}{180°}$$

以角度 α 和 R 为变量计算内皮差值公式：

$$\overline{XY}+\overline{YZ}-\overparen{AB}=2\times R\times\tan\frac{\alpha}{2}-\left(R+\frac{d}{2}\right)\times\pi\times\frac{\alpha}{180°} \qquad (1\text{-}6)$$

（2）标注钢筋内皮尺寸的差值

下面根据内皮差值公式求证 30°、45°、60°、90°、135°、180°弯曲钢筋内皮差值的系数。

1）根据图 1-12 原理求证，当 $R=2.5d$ 时，30°钢筋的内皮差值系数：

$$30°内皮差值=2\times R\times\tan\frac{\alpha}{2}-\left(R+\frac{d}{2}\right)\times\pi\times\frac{\alpha}{180°}$$

$$=2\times2.5d\times\tan\frac{30°}{2}-\left(2.5d+\frac{d}{2}\right)\times\pi\times\frac{30°}{180°}$$

$$=2\times2.5d\times0.2679-3d\times3.1416\times\frac{1}{6}$$

$$=1.3395d-1.5708d$$

$$\approx-0.231d$$

2）根据图 1-12 原理求证，当 $R=2.5d$ 时，45°钢筋的内皮差值系数：

$$45°内皮差值=2\times R\times\tan\frac{\alpha}{2}-\left(R+\frac{d}{2}\right)\times\pi\times\frac{\alpha}{180°}$$

$$=2\times2.5d\times\tan\frac{45°}{2}-\left(2.5d+\frac{d}{2}\right)\times\pi\times\frac{45°}{180°}$$

$$=2\times2.5d\times0.4142-3d\times3.1416\times\frac{1}{4}$$

$$=2.071d-2.3562d$$

$$\approx-0.285d$$

3）根据图 1-12 原理求证，当 $R=2.5d$ 时，60°钢筋的内皮差值系数：

$$60°内皮差值=2\times R\times\tan\frac{\alpha}{2}-\left(R+\frac{d}{2}\right)\times\pi\times\frac{\alpha}{180°}$$

$$=2\times2.5d\times\tan\frac{60°}{2}-\left(2.5d+\frac{d}{2}\right)\times\pi\times\frac{60°}{180°}$$

$$=2\times2.5d\times0.5774-3d\times3.1416\times\frac{1}{3}$$

$$=2.887d-3.1416d$$

$$\approx-0.255d$$

4）根据图 1-12 原理求证，当 $R=2.5d$ 时，90°钢筋的内皮差值系数：

$$90°内皮差值=2\times R\times\tan\frac{\alpha}{2}-\left(R+\frac{d}{2}\right)\times\pi\times\frac{\alpha}{180°}$$

$$=2\times2.5d\times\tan\frac{90°}{2}-\left(2.5d+\frac{d}{2}\right)\times\pi\times\frac{90°}{180°}$$

$$=2\times2.5d\times1-3d\times3.1416\times\frac{1}{2}$$

$$=5d-4.7124d$$

$$\approx0.288d$$

5）根据图 1-12 原理求证，当 $R=2.5d$ 时，135°钢筋的内皮差值系数，在此可以把 135°看做是 90°+45°。

上面已经求出 90°钢筋的内皮差值系数为 0.288d，45°钢筋的内皮差值系数为 −0.285d，所以 135°钢筋的内皮差值系数为 0.288d−0.285d=0.003d。

6）根据图 1-12 原理求证，当 $R=2.5d$ 时，180°钢筋的内皮差值系数，在此可以把 180°看做是 90°+90°。

上面已经求出 90°钢筋的内皮差值系数为 0.288d，所以 180°钢筋的内皮差值系数为 $2×0.288d=0.576d$。

在此，不再一一求证计算。为便于查找，标注钢筋内皮尺寸的差值表见表 1-8。

钢筋内皮尺寸的差值　　　　　　表 1-8

弯折角度	箍筋差值	弯折角度	箍筋差值
	$R=2.5d$		$R=2.5d$
30°	−0.231d	90°	−0.288d
45°	−0.285d	135°	+0.003d
60°	−0.255d	180°	+0.576d

4. 钢筋端部弯钩增加尺寸

（1）135°钢筋端部弯钩尺寸标注方法

钢筋端部弯钩是指大于 90°的弯钩。如图 1-13（a）所示，AB 弧线展开长度为 AB'，BC 为钩端的直线部分。从 A 点弯起，向上直到直线上端 C 点。展开后，即为线段 AC'。L' 是钢筋的水平部分，md 是钩端的直线部分长度，$R+d$ 是钢筋弯曲部分外皮的水平投影长度。如图 1-13（b）所示是施工图上简图尺寸注法。钢筋两端弯曲加工后，外皮间尺寸为 L_1。两端以外剩余的长度 $[AB+BC−(R+d)]$ 即为 L_2。

钢筋弯曲加工后外皮的水平投影长度 L_1 为：

$$L_1=L'+2(R+d) \tag{1-7}$$

$$L_2=AB+BC−(R+d) \tag{1-8}$$

（2）180°钢筋端部弯钩尺寸标注方法

如图 1-14（a）所示，AB 弧线展开长度为 AB'。BC 为钩端的直线部分。从 A 点弯起，向上直到直线上端 C 点。展开后，即为 AC' 线段。L' 是钢筋的水平部分，$R+d$ 是钢筋弯曲部分外皮的水平投影长度。如图 1-14（b）所示是施工图上简图尺寸注法。钢筋两端弯曲加工后，外皮间尺寸为 L_1。两端以外剩余的长度 $[AB+BC−(R+d)]$ 即为 L_2。

钢筋弯曲加工后外皮的水平投影长度 L_1 为：

$$L_1=L'+2(R+d) \tag{1-9}$$

$$L_2=AB+BC−(R+d) \tag{1-10}$$

（3）常用弯钩端部长度表

表 1-9 把钢筋端部弯钩处的 30°、45°、60°、90°、135°和 180°等几种情况，列成计算

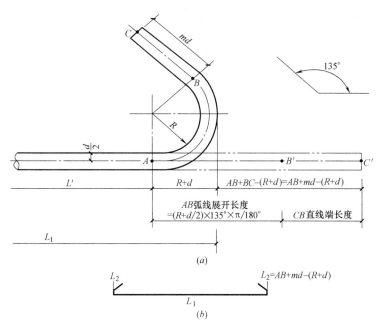

图 1-13　135°钢筋端部弯钩尺寸标注方法

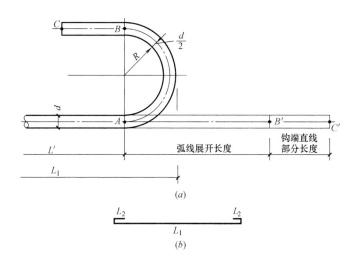

图 1-14　180°钢筋端部弯钩尺寸标注方法

表格便于查阅。

常用弯钩端部长度表　　　　　　　　　　　　　　　　表 1-9

弯起角度	钢筋弧中心线长度	钩端直线部分长度	合计长度
30°	$\left(R+\dfrac{d}{2}\right)\times30°\times\dfrac{\pi}{180°}$	$10d$	$\left(R+\dfrac{d}{2}\right)\times30°\times\dfrac{\pi}{180°}+10d$
		$5d$	$\left(R+\dfrac{d}{2}\right)\times30°\times\dfrac{\pi}{180°}+5d$

弯起角度	钢筋弧中心线长度	钩端直线部分长度	合计长度
30°	$\left(R+\dfrac{d}{2}\right)\times 30°\times\dfrac{\pi}{180°}$	75mm	$\left(R+\dfrac{d}{2}\right)\times 30°\times\dfrac{\pi}{180°}+75mm$
45°	$\left(R+\dfrac{d}{2}\right)\times 45°\times\dfrac{\pi}{180°}$	10d	$\left(R+\dfrac{d}{2}\right)\times 45°\times\dfrac{\pi}{180°}+10d$
		5d	$\left(R+\dfrac{d}{2}\right)\times 45°\times\dfrac{\pi}{180°}+5d$
		75mm	$\left(R+\dfrac{d}{2}\right)\times 45°\times\dfrac{\pi}{180°}+75mm$
60°	$\left(R+\dfrac{d}{2}\right)\times 60°\times\dfrac{\pi}{180°}$	10d	$\left(R+\dfrac{d}{2}\right)\times 60°\times\dfrac{\pi}{180°}+10d$
		5d	$\left(R+\dfrac{d}{2}\right)\times 60°\times\dfrac{\pi}{180°}+5d$
		75mm	$\left(R+\dfrac{d}{2}\right)\times 60°\times\dfrac{\pi}{180°}+75mm$
90°	$\left(R+\dfrac{d}{2}\right)\times 90°\times\dfrac{\pi}{180°}$	10d	$\left(R+\dfrac{d}{2}\right)\times 90°\times\dfrac{\pi}{180°}+10d$
		5d	$\left(R+\dfrac{d}{2}\right)\times 90°\times\dfrac{\pi}{180°}+5d$
		75mm	$\left(R+\dfrac{d}{2}\right)\times 90°\times\dfrac{\pi}{180°}+75mm$
135°	$\left(R+\dfrac{d}{2}\right)\times 135°\times\dfrac{\pi}{180°}$	10d	$\left(R+\dfrac{d}{2}\right)\times 135°\times\dfrac{\pi}{180°}+10d$
		5d	$\left(R+\dfrac{d}{2}\right)\times 135°\times\dfrac{\pi}{180°}+5d$
		75mm	$\left(R+\dfrac{d}{2}\right)\times 135°\times\dfrac{\pi}{180°}+75mm$
180°	$\left(R+\dfrac{d}{2}\right)\times\pi$	10d	$\left(R+\dfrac{d}{2}\right)\times\pi+10d$
		5d	$\left(R+\dfrac{d}{2}\right)\times\pi+5d$
		75mm	$\left(R+\dfrac{d}{2}\right)\times\pi+75mm$
		3d	$\left(R+\dfrac{d}{2}\right)\times\pi+3d$

5. 中心线法计算弧线展开长度

(1) 180°弯钩弧长

如图 1-15 所示为 180°弯钩的展开图。

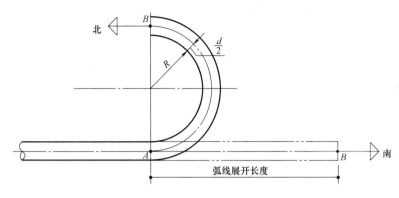

图 1-15　180°弯钩弧长

$$180°弯钩弧长 = \frac{180 \times \pi \times \left(R + \frac{d}{2}\right)}{180} = \pi \times \left(R + \frac{d}{2}\right) \tag{1-11}$$

(2) 135°弯钩弧长

如图 1-16 所示为 135°弯钩的展开图。

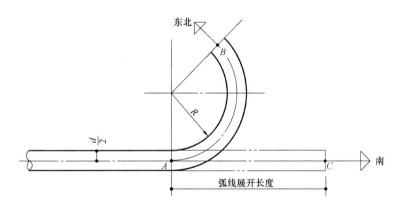

图 1-16　135°弯钩弧长

$$135°弯钩弧长 = \frac{135 \times \pi \times \left(R + \frac{d}{2}\right)}{180} = \frac{3\pi}{4} \times \left(R + \frac{d}{2}\right) \tag{1-12}$$

(3) 90°弯钩弧长

如图 1-17 所示为 90°弯钩的展开图。

$$90°弯钩弧长 = \frac{90 \times \pi \times \left(R + \frac{d}{2}\right)}{180} = \frac{\pi}{2} \times \left(R + \frac{d}{2}\right) \tag{1-13}$$

(4) 60°弯钩弧长

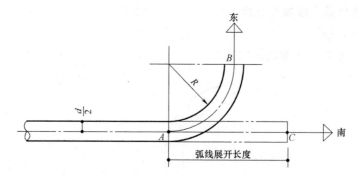

图 1-17　90°弯钩弧长

如图 1-18 所示为 60°弯钩的展开图。

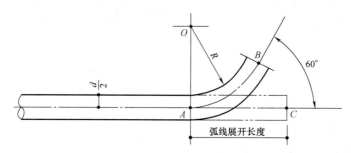

图 1-18　60°弯钩弧长

$$60°弯钩弧长 = \frac{60 \times \pi \times \left(R + \frac{d}{2}\right)}{180} = \frac{\pi}{3} \times \left(R + \frac{d}{2}\right) \qquad (1\text{-}14)$$

（5）45°弯钩弧长

如图 1-19 所示为 45°弯钩的展开图。

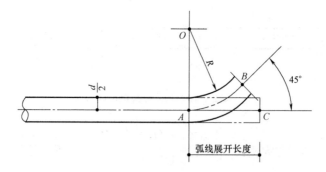

图 1-19　45°弯钩弧长

$$45°弯钩弧长 = \frac{45 \times \pi \times \left(R + \frac{d}{2}\right)}{180} = \frac{\pi}{4} \times \left(R + \frac{d}{2}\right) \qquad (1\text{-}15)$$

（6）30°弯钩弧长

如图 1-20 所示为 30°弯钩的展开图。

$$30°弯钩弧长=\frac{30\times\pi\times\left(R+\dfrac{d}{2}\right)}{180}=\frac{\pi}{6}\times\left(R+\frac{d}{2}\right) \tag{1-16}$$

（7）圆环弧长

如图 1-21 所示为圆环的展开图。

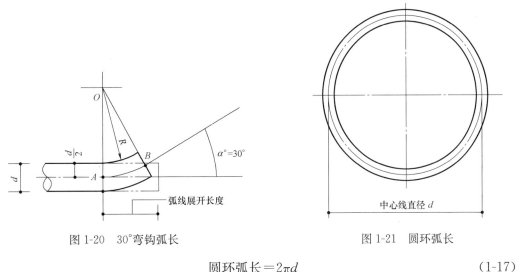

图 1-20　30°弯钩弧长　　　　图 1-21　圆环弧长

$$圆环弧长=2\pi d \tag{1-17}$$

6. 箍筋的计算公式

（1）箍筋概念

箍筋的常用形式有 3 种，目前施工图上应用最多的是图 1-22（c）所示的形式。

图 1-22（a）、（b）的箍筋形式多用于非抗震结构，图 1-22（c）所示的箍筋形式多用于平法框架抗震结构或非抗震结构中。可根据箍筋的内皮尺寸计算钢筋下料尺寸。

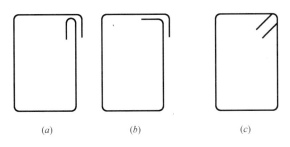

（a）　　　　　（b）　　　　　（c）

图 1-22　箍筋示意图

（a）90°/180°；（b）90°/90°；（c）135°/135°

（2）根据箍筋内皮尺寸计算箍筋的下料尺寸

1）箍筋下料公式。图 1-23（a）是绑扎在梁柱中的箍筋（已经弯曲加工完的）。为了便于计算，假想它是由两个部分组成：一部分如图 1-23（b）所示，为 1 个闭合的矩形，4 个角是以 $R=2.5d$ 为半径的弯曲圆弧。另一部分如图 1-23（c）所示，有 1 个半圆，它是由 1 个半圆和 2 个相等的直线组成。图 1-23（d）是图 1-23（c）的放大示意图。

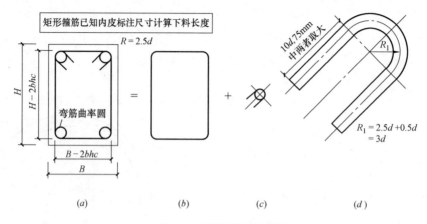

图 1-23　箍筋下料示意图

下面根据图 1-23（b）和图 1-23（c）分别计算下料长度，两者之和即为箍筋的下料长度，计算过程如下。

图 1-23（b）部分下料长度：

$$长度＝内皮尺寸－4×差值$$
$$＝2(H－2bhc)＋2(B－2bhc)－4×0.288d \tag{1-18}$$
$$＝2H＋2B－8bhc－1.152d$$

图 1-23（c）部分下料长度：

半圆中心线长：$3d\pi≈9.425d$

端钩的弧线和直线段长度：

$10d＞75$mm 时，$9.425d＋2×10d＝29.424d$

75mm$＞10d$ 时，$9.425d＋2×75$

合计箍筋下料长度：

$10d＞75$mm 时：

$$箍筋下料长度＝2H＋2B－8bhc＋28.273d \tag{1-19}$$

$10d＜75$mm 时：

$$箍筋下料长度＝2H＋2B－8bhc＋8.273d＋150 \tag{1-20}$$

式中　bhc——保护层厚度，mm。

图 1-23（b）所示是带有圆角的矩形，四边的内部尺寸，减去内皮法的钢筋弯曲加工的 90°差值即为这个矩形的长度。

图 1-23（c）所示是由半圆和两段直筋组成。半圆圆弧的展开长度是由它的中心线的展开长度来决定的。中心线的圆弧半径为 $R＋d/2$，半圆圆弧的展开长度为（$R＋d/2$）与 π 的乘积。箍筋的下料长度，要注意钩端的直线长度的规定，取 $10d$、75mm 中的大值。

对上面两个公式，进行进一步分析推导，发现因箍筋直径大小不同，当直径小于或等于 6.5mm 时，采用式（1-20），直径大于或等于 8mm 时，采用式（1-19）。

2）箍筋的四个框内皮尺寸的算法。图 1-24 是放大了的部分箍筋图，再结合图 1-25 得知，箍筋的四个框内皮尺寸的算法如下：

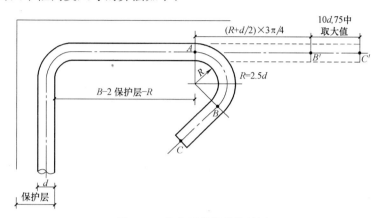

图 1-24　放大了的部分箍筋图

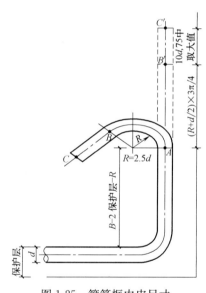

图 1-25　箍筋框内皮尺寸

由图 1-24 和图 1-25 得知，可以把箍筋的四个框内皮尺寸的算法，归纳如下：

箍筋左框：
$$L1 = H - 2bhc \tag{1-21}$$

箍筋底框：
$$L2 = B - 2bhc \tag{1-22}$$

箍筋右框：
$$L3 = H - 2bhc - R + \left(R + \frac{d}{2}\right) \times \frac{3}{4}\pi + 10d, \text{用于} 10d > 75 \tag{1-23}$$

箍筋右框：
$$L3 = H - 2bhc - R + \left(R + \frac{d}{2}\right) \times \frac{3}{4}\pi + 75, \text{用于} 10d < 75 \tag{1-24}$$

箍筋上框：
$$L4 = B - 2bhc - R + \left(R + \frac{d}{2}\right) \times \frac{3}{4}\pi + 10d, \text{用于} 10d > 75 \tag{1-25}$$

箍筋上框：
$$L4 = B - 2bhc - R + \left(R + \frac{d}{2}\right) \times \frac{3}{4}\pi + 75, \text{用于} 10d < 75 \tag{1-26}$$

式中 *bhc*——保护层厚度，mm；

  R——弯曲半径，mm；

  d——钢筋直径，mm；

  H——梁柱截面高度，mm；

  B——梁柱截面宽度，mm。

通过验算可以得到，箍筋下料式（1-19）、式（1-20）和式（1-21）到式（1-26）是一致的。

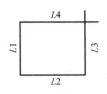

图 1-26　箍筋标注的外皮尺寸

即把式（1-21）、式（1-22）、式（1-23）和式（1-25）加起来再减去三个角的内皮差值，就等于式（1-19）；式（1-21）、式（1-22）、式（1-24）和式（1-26）加起来再减去三个角的内皮差值，就等于式（1-20）。

（3）根据箍筋外皮尺寸计算箍筋的下料尺寸

1）箍筋下料公式。施工图上个别情况，也可能遇到箍筋标注外皮尺寸，如图 1-26 所示。

这时，要用到外皮差值来进行计算，参看图 1-27。

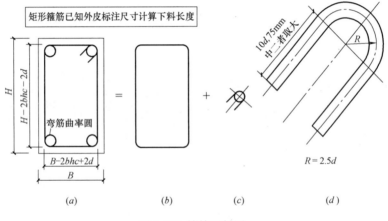

图 1-27　箍筋下料图

图 1-27（*b*）部分下料长度：

$$长度=外皮尺寸-4\times 差值$$
$$=2(H-2bhc+2d)+2(B-2bhc+2d)-4\times 2.288d \qquad (1\text{-}27)$$
$$=2H+2B-8bhc-1.152d$$

图 1-27（*d*）部分下料长度：

半圆中心线长：$3d\pi\approx 9.425d$

端钩的弧线和直线段长度：

$10d>75$mm 时，$9.425d+2\times 10d=29.425d$

75mm$>10d$ 时，$9.425d+2\times 75=9.425d+150$

合计箍筋下料长度：

$10d>75$mm 时：

$$箍筋下料长度＝2H＋2B－8bhc＋28.273d \tag{1-28}$$

$10d＜75mm$ 时：

$$箍筋下料长度＝2H＋2B－8bhc＋8.273d＋150 \tag{1-29}$$

式中 bhc——保护层厚度，mm。

图 1-27 (b) 所示是带有圆角的矩形，四边的外部尺寸，减去外皮法的钢筋弯曲加工的 90°差值即为这个矩形的长度。

图 1-27 (c) 所示是由半圆和两段直筋组成。半圆圆弧的展开长度是由它的中心线的展开长度来决定的。中心线的圆弧半径为 $R＋d/2$，半圆圆弧的展开长度为 $(R＋d/2)$ 与 π 的乘积。箍筋的下料长度，要注意钩端的直线长度的规定，取 $10d$、75mm 中的大值。

2）箍筋的四个框外皮尺寸的算法。图 1-28 是放大了的部分箍筋图，再结合图 1-36 得知，箍筋的四个框外皮尺寸的算法如下：

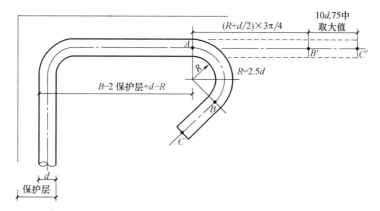

图 1-28 放大了的部分箍筋图

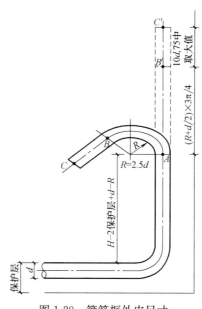

图 1-29 箍筋框外皮尺寸

箍筋左框： $$L1 = H - 2bhc + 2d \qquad (1\text{-}30)$$

箍筋底框： $$L2 = B - 2bhc + 2d \qquad (1\text{-}31)$$

箍筋右框： $$L3 = H - 2bhc + d - R + \left(R + \frac{d}{2}\right) \times \frac{3}{4}\pi + 10d，用于10d > 75 \qquad (1\text{-}32)$$

箍筋右框： $$L3 = H - 2bhc + d - R + \left(R + \frac{d}{2}\right) \times \frac{3}{4}\pi + 75，用于10d < 75 \qquad (1\text{-}33)$$

箍筋左框： $$L4 = B - 2bhc + d - R + \left(R + \frac{d}{2}\right) \times \frac{3}{4}\pi + 10d，用于10d > 75 \qquad (1\text{-}34)$$

箍筋左框： $$L4 = B - 2bhc + d - R + \left(R + \frac{d}{2}\right) \times \frac{3}{4}\pi + 75，用于10d < 75 \qquad (1\text{-}35)$$

式中　bhc——保护层厚度，mm；

　　　R——弯曲半径，mm；

　　　d——钢筋直径，mm；

　　　H——梁柱截面高度，mm；

　　　B——梁柱截面宽度，mm。

通过验算可以得到，箍筋下料式（1-28）、式（1-29）和式（1-30）到式（1-35）是一致的。即把式（1-30）、式（1-31）、式（1-32）和式（1-34）加起来再减去三个角的内皮差值，就等于式（1-28）；式（1-30）、式（1-31）、式（1-33）和式（1-35）加起来再减去三个角的内皮差值，就等于式（1-29）。

（4）根据箍筋中心线尺寸计算钢筋下料尺寸

现在要讲的方法就是对箍筋的所有线段，都用计算中心线的方法，计算箍筋的下料尺寸，如图 1-30 所示。

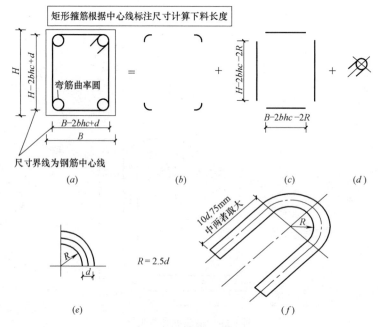

图 1-30　箍筋的线段

在图 1-30 中，图（e）是图（b）的放大。矩形箍筋按照它的中心线计算下料长度时，是先把图（a）分割成图（b）、图（c）、图（d）三个部分，分别计算中心线，然后，再把它们加起来，就是钢筋下料尺寸。

图 1-30（b）部分计算：

$$4\left(R+\frac{d}{2}\right)\times\frac{\pi}{2}=6\pi d$$

图 1-30（c）部分计算：

$$2(H-2bhc-2R)+2(B-2bhc-2R)=2H+2B-8bhc-20d$$

图 1-37（d）部分计算：

$10d>75\text{mm}$ 时，$\left(R+\frac{d}{2}\right)\pi+2\times10d=3\pi d+20d$

$75\text{mm}>10d$ 时，$\left(R+\frac{d}{2}\right)\pi+2\times75=3\pi d+150$

箍筋的下料长度：

$10d>75\text{mm}$ 时：

$$6\pi d+2H+2B-8bhc-20d+3\pi d+20d=2H+2B-8bhc+28.274d \qquad (1\text{-}36)$$

$10d<75\text{mm}$ 时：

$$6\pi d+2H+2B-8bhc-20d+3\pi d+150=2H+2B-8bhc+8.274d+150 \qquad (1\text{-}37)$$

（5）计算柱面螺旋线形箍筋的下料尺寸

1）柱面螺旋形箍筋。图 1-31 为柱面螺旋线形箍筋图。

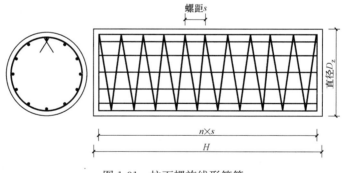

图 1-31 柱面螺旋线形箍筋

图中直径 D_z 是混凝土柱外表面直径尺寸；螺距 s 是柱面螺旋线每旋转一周的位移，也就是相邻螺旋箍筋之间的间距；H 是柱的高度；n 是螺距的数量。

螺旋箍筋的始端与末端，应各有不小于一圈半的端部筋。这里计算时，暂采用一圈半长度，两端均加工有 135°弯钩，且在钩端各留有直线段。柱面螺旋线展开以后是直线（斜向）；螺旋箍筋的始端与末端，展开以后是上下两条水平线。在计算柱面螺旋线形箍筋时，先分成三个部分来计算：柱顶部（图 1-31 左端）的一圈半箍筋展开长度，即为图 1-32 中上部水平段；螺旋线形箍筋展开部分，即为图 1-32 中中部斜线段；最后是柱底部（图 1-31 右端）的一圈半箍筋展开长度，即为图 1-32 中下部水平段。

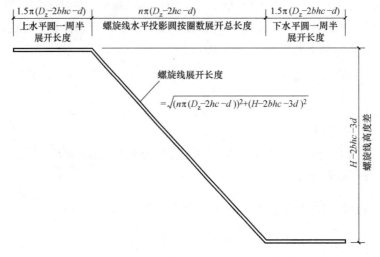

图 1-32　箍筋展开长度

2）螺旋箍筋计算

上水平圆一周半展开长度计算：

$$上水平圆一周半展开长度 = 1.5\pi(D_z - 2bhc - d)$$

螺旋线展开长度：

$$螺旋筋展开长度 = \sqrt{[n\pi(D_z - 2bhc - d)]^2 + (H - 2bhc - 3d)^2} \tag{1-38}$$

下水平圆一周半展开长度计算：

$$下水平圆一周半展开长度 = 1.5\pi(D_z - 2bhc - d) \tag{1-39}$$

螺旋箍筋展开长度公式：

$$螺旋筋展开长度 = 2 \times 1.5\pi(D_z - 2bhc - d)$$

$$+ \sqrt{[n\pi(D_z - 2bhc - d)]^2 + (H - 2bhc - 3d)^2} - 2 \times 外皮差值 + 2 \times 钩长 \tag{1-40}$$

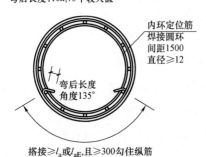

图 1-33　螺旋箍筋搭接构造

3）螺旋箍筋的搭接计算

① 螺旋箍筋的搭接部分，搭接长度要求 $\geqslant l_{aE}$ 且 $\geqslant 300$mm。

② 搭接的弯钩钩端直线段长度要求为 10 倍钢箍筋直径和 75mm 中取较大者。

此外两个搭接的弯钩，必须勾在纵筋上。螺旋箍筋搭接构造如图 1-33 所示。

4）搭接长度计算公式。参看图 1-34 和图 1-35，计算出每根钢筋搭接长度为：

$$搭接长度 = \left(\frac{D_z}{2} - bhc + \frac{d}{2}\right) \times \frac{\alpha}{2} \times \frac{\pi}{180°} + \left(R + \frac{d}{2}\right) \times 135° \times \frac{\pi}{180°} + 10d \tag{1-41}$$

式（1-41）的第一项，是指两筋搭接的中点到钩的切点处长度；第二项是 135°弧中心

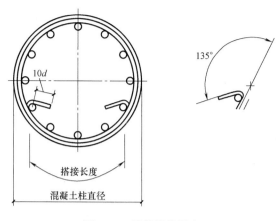

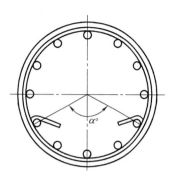

图 1-34 箍筋搭接长度

图 1-35 箍筋搭接图

线和钩端直线部分长度。

（6）圆环形封闭箍筋

圆环形封闭箍筋，如图 1-36 所示。可以把图 1-36（a）看做是由两部分组成：一部分是圆箍；另一部分是两个带有直线端的 135°弯钩。这样一来，先求出圆箍的中心线实长，然后再查表找带有直线端的 135°弯钩长度，不要忘记，钩是一双。

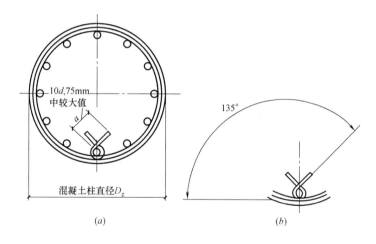

图 1-36 圆环形封闭箍筋

（a）圆环形封闭箍筋示意图；（b）圆环形封闭箍筋中弯钩示意图

设保护层为 bhc；混凝土柱外表面直径为 D_z；箍筋直径为 d；箍筋端部两个弯钩为 135°，都勾在同一根纵筋上；钩末端直线段长度为 a，箍钩弯曲加工半径为 R，135°箍钩的下料长度可从表 1-9 中查到。

$$下料长度=(D_z-2bhc+d)\pi+2\times\left[\left(R+\frac{d}{2}\right)\times135°\times\frac{\pi}{180°}+a\right] \tag{1-42}$$

式中　a——从 $10d$ 和 75mm 两者中取最大值。

7. 特殊钢筋的下料长度

（1）变截面构件钢筋下料长度

对于变截面构件，其中的纵横向钢筋长度或箍筋高度存在多种长度，其长度可用等差关系进行计算。

$$\Delta=\frac{l_d-l_c}{n-1} \quad 或 \quad \Delta=\frac{h_d-h_c}{n-1} \quad n=\frac{s}{a}+1 \tag{1-43}$$

式中　Δ——相邻钢筋的长度差或相邻钢筋的高度差；

　　l_d、l_c——分别是变截面构件纵横钢筋的最大和最小长度；

　　h_d、h_c——分别是构件箍筋的最高处和最低处；

　　n——纵横钢筋根数或箍筋个数；

　　s——钢筋或箍筋的最大与最小之间的距离；

　　a——钢筋的相邻间距。

（2）圆形构件钢筋下料长度

对于圆形构件配筋可分为两种形式配筋，一种是弦长，由圆心向两边对称分布，一种按圆周形式布筋。

1）弦长。当圆形构件按弦长配筋时，先计算出钢筋所在位置的弦长，再减去两端保护层厚即可得钢筋长度。

① 当钢筋根数为偶数时，如图 1-37（a）所示，钢筋配置时圆心处不通过，配筋有相同的两组，弦长可按下式计算：

$$l_i=a\sqrt{(n+1)^2-(2i-1)^2} \tag{1-44}$$

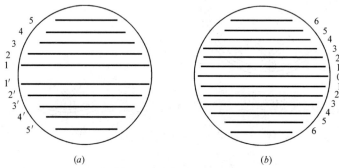

图 1-37　按弦长布置钢筋

(a) 钢筋根数为偶数；(b) 钢筋根数为奇数

② 当钢筋根数为奇数时，如图 1-37（b）所示，有一根钢筋从圆心处通过，其余对称分布，弦长可按下式计算：

$$l_i=a\sqrt{(n+1)^2-(2i)^2} \tag{1-45}$$

$$n=\frac{D}{a}-1 \tag{1-46}$$

式中　l_i——第 i 根（从圆心起两边记数）钢筋所在弦长；

a——钢筋间距；

n——钢筋数量；

i——序号数；

D——圆形构件直径。

2）按圆周形式布筋。如图 1-38 所示，先将每根钢筋所在圆的直径求出，然后乘以圆周率，即为圆形钢筋的下料长度。

（3）半球形钢筋下料长度

半球形构件的形状如图 1-39 所示。

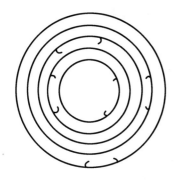

图 1-38　按圆周布置钢筋　　　　　　　　图 1-39　半球形构件示意图

缩尺钢筋是按等距均匀分布的，成直线形。计算方法刀圆形构件直线形配筋相同，先确定每根钢筋所在位置的弦和圆心的距离 C。弦长可按下式计算：

$$l_0 = \sqrt{D^2 - 4C^2} \quad 或 \quad l_0 = 2\sqrt{R^2 - C^2} \tag{1-47}$$

以上所求为弦长，减去两端保护层厚度，即为钢筋长。

$$l_i = 2\sqrt{R^2 - C^2} - 2d \tag{1-48}$$

式中　l_0——圆形切块的弦长；

D——圆形切块的直径；

C——弦心距，圆心至弦的垂线长；

R——圆形切块的半径。

（4）螺旋箍筋的下料长度计算

可以把螺旋箍筋分别割成许多个单螺旋（图 1-40），单螺旋的高度称为螺距。

$$L = \sqrt{H^2 + (\pi D n)^2} \tag{1-49}$$

式中　L——螺旋箍筋的长度；

H——螺旋箍筋起始点的垂直高度；

D——螺旋直径；

n——螺旋缠绕圈数，$n = H/p$（p 为螺距）。

（5）变截面（三角形）钢筋长度计算

根据三角形中位线原理（以图 1-41 为例）：

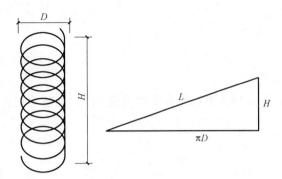 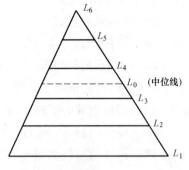

图 1-40　螺旋钢筋　　　　　　　　　图 1-41　变截面（三角形）钢筋

$$L_1 = L_2 + L_5 = L_3 + L_4 = 2L_0$$

所以：

$$L_1 + L_2 + L_3 + L_4 + L_5 = 2L_0 \times 3$$

即：

$$\sum_{i=1}^{5} L_i = 6L_0 = (5+1)L_0$$

$$\sum_{i=1}^{n} L_i = (n+1)L_0 \tag{1-50}$$

式中　n——钢筋总根数（不管与中位线是否重合）。

（6）变截面（梯形）钢筋长度计算

根据梯形中位线原理（以图 1-42 为例）：

$$L_1 + L_6 = L_2 + L_5 = L_3 + L_4 = 2L_0$$

所以：

$$L_1 + L_2 + L_3 + L_4 + L_5 + L_6 = 2L_0 \times 3$$

即：

$$\sum_{i=1}^{6} L_i = 2L_0 \times 3 = 6L_0$$

$$\sum_{i=1}^{n} L_i = nL_0 \tag{1-51}$$

式中　n——钢筋总根数（不管与中位线是否重合）。

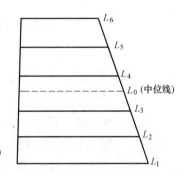

图 1-42　变截面（梯形）钢筋

（7）钢筋重量计算

在钢筋的使用中，均是以千克（kg）、吨（t）为单位对钢筋的消耗进行衡量的。

重量的计算需要了解钢材的密度和物体的体积，现以 1m 长度的钢筋来进行计算：

每米不同直径钢筋的体积：

$$V = \frac{\pi d^2}{4} \times 1000 = 250\pi d^2$$

钢筋的密度 $\rho = 7850 \times 10^{-9} \, \text{kg/mm}^3$

每米钢筋重量 $G = \rho V$

$$=250\pi d^2 \times 7850 \times 10^{-9}$$
$$=0.00617d^2 \text{（kg）}$$

8. 拉筋的样式及其计算

（1）拉筋的作用与样式

1）作用：固定纵向钢筋，防止位移用。

2）样式：拉筋的端钩有 90°、135°和 180°三种，如图 1-43 所示。

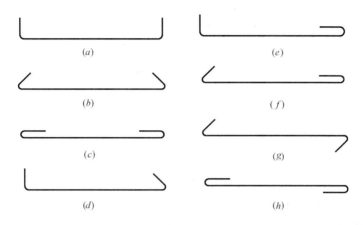

(a) (e)

(b) (f)

(c) (g)

(d) (h)

图 1-43　拉筋端钩的三种构造

3）拉筋两弯钩≤90°时，标注外皮尺寸，这时可按外皮尺寸的"和"，减去"外皮差值"来计算下料长度，也可按计算弧线展开长度计算下料长度。

4）拉筋两端弯钩>90°时，除了标注外皮尺寸，还要在拉筋两端弯钩处（上方）标注下料长度剩余部分。

（2）两端为 90°弯钩的拉筋计算

图 1-44 是两端为 90°弯钩的拉筋尺寸分析图。其中 BC 直线是施工图给出的。图 1-44 对拉筋的各个部位计算，作了详细的剖析。它的计算方法不唯一，但对拉筋图来说，还是要按照图 1-45 的尺寸标注方法注写。

表 1-10、表 1-11 是下料长度计算。

双 90°弯钩"外皮尺寸法"与"中心线法"计算对比　　　　　　　　表 1-10

"外皮尺寸法"	"中心线法"
$L_1+2L_2-2\times 2.288d=L_1+2L_2-4.576d$	$L_1-2(R+d)+2L_2-2(R+d)+2(R+0.5d)0.5\pi$ $=L_1-7d+2L_2-7d+3d\pi$ $=L_1+2L_2-4.576d$

双 90°弯钩"内皮尺寸法"计算　　　　　　　　表 1-11

设：$R=2.5d$；$L_1'=L_1-2d_1$；$L_2'=L_2-d$
$L_1'+2L_2'-2\times 0.288d$ $=L_1-2d+2(L_2-d)-2\times 0.288d$ $=L_1+2L_2-4d-0.576d$ $=L_1+2L_2-4.576d$

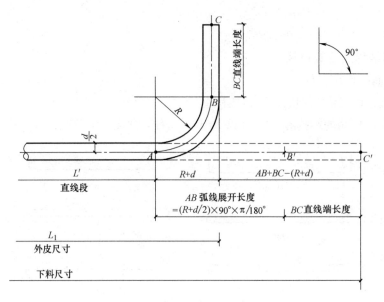

图 1-44   对拉筋的各个部位的剖析

表 1-10 中的 $R=2.5d$；$2.288d$ 为差值。

通常不用中心线法，而是用外皮尺寸法。两端为 90°弯钩的拉筋也有可能是标注内皮尺寸，见图 1-46 和表 1-11。

图 1-45   尺寸标注

图 1-46   两端为 90°弯钩的内皮尺寸标注

计算结果，与前两种方法一致。

（3）两端为 135°弯钩的拉筋计算

目前常用的一种样式就是 135°弯钩的拉筋，如图 1-47 所示，其算法如下：

如图 1-47（a）所示，AB 弧线展开长度是 AB'。BC 是钩端的直线部分。从 A 点起弯起，向上一直到直线上端 C 点。展开以后，就算 AC' 线段。L' 是钢筋的水平部分；$R+d$ 是钢筋弯曲部分外皮的水平投影长度。图 1-47（b）是施工图上简图尺寸法注。钢筋两端弯曲加工后，外皮间尺寸就是 L_1。两端以外剩余的长度 $AB+BC-(R+d)$ 就是 L_2。

$$L_1=L'+2(R+d) \tag{1-52}$$

$$L_2=AB+BC-(R+d) \tag{1-53}$$

图 1-48 中，是补充了内皮尺寸的位置和平法框架图中钩端直线段规定长度。拉筋的尺寸标注仍按图 1-47（b）表示。

因为外皮尺寸的确定（AB、BC、CD、DE、EF）比较麻烦。见图 1-49，BC 段或 DE 段，都是由两种尺寸加起来，而且其中还要计算三角正切值。所以，图 1-47 只是说明外皮尺寸差值的理论出处。

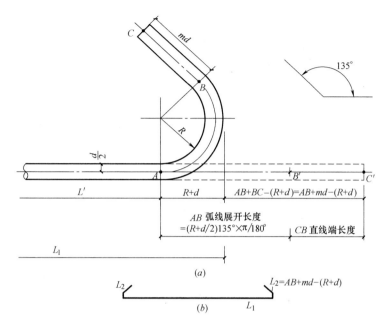

图 1-47 135°弯钩的拉筋

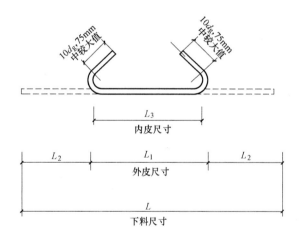

图 1-48 钩端直线段规定长度

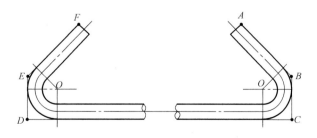

图 1-49 两种尺寸

（4）两端为 180°弯钩的拉筋计算

图 1-50 表示两端为 180°弯钩的拉筋在加工前与加工后的形状。也可以认为，是把弯完的钢筋，展开为下料长度的样子。

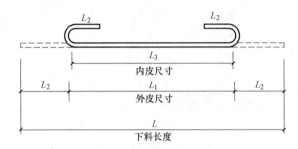

图 1-50　两端为 180°弯钩的拉筋加工前与加工后的形状

这里再说一下内皮尺寸 L_3：

1）如果拉筋直接拉在纵向受力钢筋上，它的内皮尺寸就等于截面尺寸减去两个保护层的大小。

2）如果拉筋既拉住纵向受力钢筋，而同时又拉住箍筋时，这时还要再加上两倍箍筋直径的尺寸。

（5）一端钩≤90°，另一端钩＞90°的拉筋计算

如图 1-43（d）、（e）所示，就是"拉筋一端钩≤90°，另一端钩＞90°"类型的。而在图 1-51 中，L_1、L_2 属于外皮尺寸；L_3 属于展开尺寸。有外皮尺寸与外皮尺寸的夹角，外皮差值就用得着了。图 1-43（b）、（c）、（f）、（g）、（h）两端弯钩处，均须标注展开尺寸。

图 1-51　外皮尺寸

9. 拉筋端钩形状的变换

（1）两端 135°弯钩，预加工变换为 90°弯钩

钢箍的绑扎工作状态为两端 135°弯钩，而在钢筋的绑扎前，要求预加工两端为 90°弯钩。也就是说，下料的长度不变。参看图 1-47，L_2 标注的是展开长度。而此时要求把钢筋沿外皮弯起 90°弯钩。此时，弯起的高度为（图 1-52）：

$$L_2' = (R+d) + \left(R + \frac{d}{2}\right) \times 45° \times \frac{\pi}{180°} + md \tag{1-54}$$

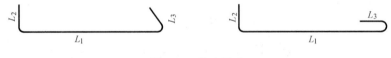

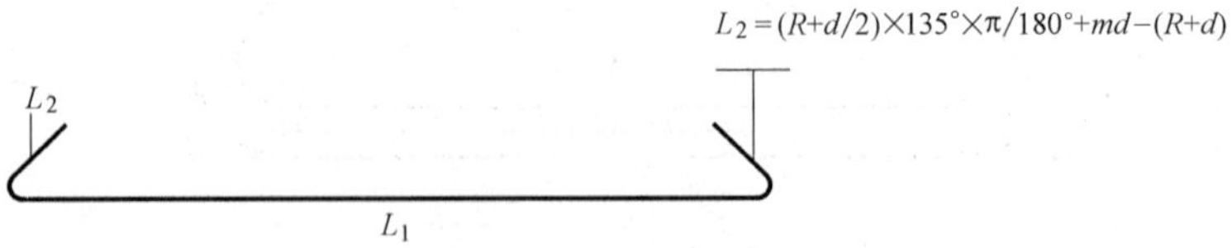

$$L_2 = (R+d/2) \times 135° \times \pi/180° + md - (R+d)$$

图 1-52　弯起的高度

当 $R=2.5d$ 时：

$$L_2 = \left(R+\frac{d}{2}\right) \times 135° \times \frac{\pi}{180°} + md - (R+d)$$

$$= 3d \times 135° \times \frac{\pi}{180°} + md - 3.5d$$

$$= 7.068d + md - 3.5d$$

$$= 3.568d + md$$

$$L_2' = (R+d) + \left(R+\frac{d}{2}\right) \times 45° \times \frac{\pi}{180°} + md$$

$$= 3.5d + 3d \times 45° \times \frac{\pi}{180°} + md$$

$$= 3.5d + 2.356d + md$$

$$= 5.856d + md$$

验算：

两端 135°钩的下料长度部分为：

$$L_1 + 2L_2 = L_1 + 2 \times (3.568d + md)$$

$$= L_1 + 7.136d + 2md$$

预加式为两端 90°钩的下料长度部分为：

$$L_1 + 2L_2' = L_1 + 2 \times (5.856d + md) - 2 \times 2.288d$$

$$= L_1 + 11.712d + 2md - 4.576d$$

$$= L_1 + 7.136d + 2md$$

验算结果一致。

现在可以这样说，按 135°绑扎的端钩，预制为 90°的端钩，可按图 1-53 注写。

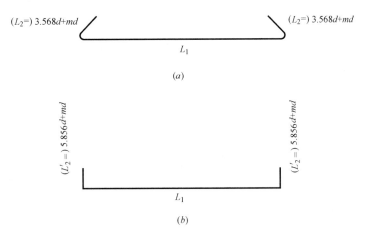

图 1-53　按 135°绑扎的端钩预制为 90°的端钩注写

(a) 135°端钩拉筋；(b) 90°端钩拉筋

拉筋端钩由 135°预制成 90°时 L_2 改注成 L_2' 的数据见表 1-12。

拉筋端钩由 135°预制成 90°时 L_2 改注成 L_2' 的数据表　　　　表 1-12

d(mm)	md(mm)		$L_2=3.568d+md$(mm)	$L_2'=5.856d+md$(mm)
6	5d	30	51	65
	10d	60	81	95
		75	96	110
6.5	5d	32.5	56	71
	10d	65	88	103
		75	98	113
8	5d	40	69	87
	10d	80	109	127
		75	104	122
10	5d	50	86	109
	10d	100	136	159
		75	111	134
12	5d	60	103	130
	10d	120	163	190
		75	118	145

（2）两端 180°弯钩，预加工变换为 90°弯钩

图 1-54　L_2 标注的展开长度

钢筋的绑扎工作状态为两端 180°弯钩，而在钢筋的绑扎前，要求预加工两端为 90°弯钩。也就是说，下料的长度不变。参看图 1-54，L_2 标注的是展开长度。而此时要求把钢筋沿外皮弯起 90°，这时弯起的高度为：

$$L_2'=(R+d)+\left(R+\frac{d}{2}\right)\times90°\times\frac{\pi}{180°}+md \qquad (1-55)$$

当 $R=2.5d$ 时：

$$L_2=\left(R+\frac{d}{2}\right)\times\pi+md-(R+d)$$
$$=3d\times\pi+md-3.5d$$
$$=9.424d+md-3.5d$$
$$=5.924d+md$$

$$L_2'=(R+d)+\left(R+\frac{d}{2}\right)\times90°\times\frac{\pi}{180°}+md$$
$$=3.5d+3d\times90°\times\frac{\pi}{180°}+md$$
$$=3.5d+4.712d+md$$
$$=8.212d+md$$

验算：

两端 180° 钩的下料长度部分为：

$$L_1 + 2L_2 = L_1 + 2 \times (5.924d + md)$$
$$= L_1 + 11.848d + 2md$$

预加式为两端 90° 钩的下料长度部分为：

$$L_1 + 2L_2' = L_1 + 2 \times (8.212d + md) - 2 \times 2.288d$$
$$= L_1 + 16.424d + 2md - 4.576d$$
$$= L_1 + 11.848d + 2md$$

验算结果一致。

现在可以这样说，按 180° 绑扎的端钩，预制为 90° 的端钩，可按图 1-55 注写。

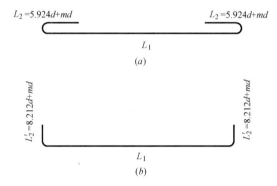

图 1-55 按 180° 绑扎的端钩预制为 90° 的端钩注写

（a）180° 端钩拉筋；（b）90° 端钩拉筋

拉筋端钩由 180° 预制成 90° 时 L_2 改注成 L_2' 的数据见表 1-13。

拉筋端钩由 180° 预制成 90° 时 L_2 改注成 L_2' 的数据表　　　　　　表 1-13

d(mm)	md(mm)		$L_2 = 5.924d + md$(mm)	$L_2' = 8.212d + md$(mm)
6	5d	30	66	79
	10d	60	96	109
		75	111	124
6.5	5d	32.5	71	86
	10d	65	104	119
		75	114	129
8	5d	40	87	106
	10d	80	127	146
		75	122	141
10	5d	50	109	132
	10d	100	159	182
		75	134	157

续表

d(mm)	md(mm)		$L_2=5.924d+md$(mm)	$L'_2=8.212d+md$(mm)
12	$5d$	60	131	159
	$10d$	120	191	219
		75	146	174

(3) 两端端钩反向的拉筋

前面讲过的拉筋，它的端钩均位于同一侧。位于同一侧的拉筋，受拉时是偏心受拉。如果两端端钩是反向的，则力是通过拉筋的重心，受力状态理想，如图 1-56 所示。

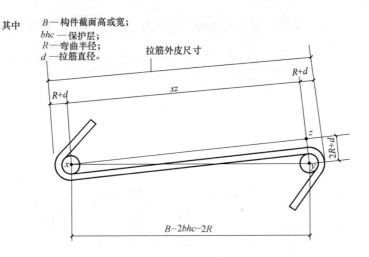

$$
\begin{aligned}
\text{其中} \quad & B\text{——构件截面高或宽；} \\
& bhc\text{——保护层；} \\
& R\text{——弯曲半径；} \\
& d\text{——拉筋直径。}
\end{aligned}
$$

图 1-56　两端端钩反向的拉筋

xy 平行于构件截面的底边；xz 平行于拉筋的箍身；yz 垂直于 xz。$\angle yzx$ 是直角，称 xz 为底边，称 yz 为对边，称 xy 为斜边。xy 虽然叫做斜边，但是，它是平行于构件截面的底边的。因此它是可以计算出来的，等于 $B-2bhc-2R$。对边也是可以计算出来的，等于 $2R+d$。这样一来，就可以用勾股弦法计算了。

$$xz^2+yz^2=xy^2$$
$$yz=2R+d$$
$$xy=B-2bhc-2R$$
$$xz^2+(2R+d)^2=(B-2bhc-2R)^2$$
$$xz=\sqrt{(B-2bhc-2R)^2-(2R+d)^2}$$

拉筋外皮尺寸平行于 xz：

$$\text{拉筋外皮尺寸}=xz+2R+2d$$

即：

$$\text{拉筋外皮尺寸}\ L_1=\sqrt{(B-2bhc-2R)^2-(2R+d)^2}+2R+2d \tag{1-56}$$

端钩方向相反的拉筋外皮尺寸 L_1 的多元函数随保护层、钢筋加工弯曲半径、拉筋直径和沿拉筋长度方向的截面尺寸 B 四个变量的变化而变化。如下数据表格，每张表格中，把拉筋直径 d 和构件宽度 B 固定为常量，以便于查看计算，见表1-14～表1-24。

同向、异向双钩拉筋的外皮尺寸 L_1 比较表（mm） 表1-14

限于 $B=150$mm；$R=2.5d$ 使用

d	bhc	端钩同向	端钩异向
		$L_1 = B - 2bhc + 2d$	$L_1 = \sqrt{(B-2bhc-2R)^2 - (2R+d)^2} + 2R + 2d$
6	25	112	102
	30	102	90
6.5	25	113	101
	30	103	88
8	25	116	93
	30	106	72
10	25	—	—
	30	—	—
12	25	—	—
	30	—	—

同向、异向双钩拉筋的外皮尺寸 L_1 比较表（mm） 表1-15

限于 $B=180$mm；$R=2.5d$ 使用

d	bhc	端钩同向	端钩异向
		$L_1 = B - 2bhc + 2d$	$L_1 = \sqrt{(B-2bhc-2R)^2 - (2R+d)^2} + 2R + 2d$
6	25	142	135
	30	132	125
6.5	25	143	135
	30	133	124
8	25	146	132
	30	136	120
10	25	150	123
	30	140	106
12	25	—	—
	30	—	—

同向、异向双钩拉筋的外皮尺寸 L_1 比较表（mm） 表1-16

限于 $B=200$mm；$R=2.5d$ 使用

d	bhc	端钩同向	端钩异向
		$L_1 = B - 2bhc + 2d$	$L_1 = \sqrt{(B-2bhc-2R)^2 - (2R+d)^2} + 2R + 2d$
6	25	162	157
	30	152	146

d	bhc	端钩同向 $L_1=B-2bhc+2d$	端钩异向 $L_1=\sqrt{(B-2bhc-2R)^2-(2R+d)^2}+2R+2d$
6.5	25	163	156
	30	153	146
8	25	166	155
	30	156	144
10	25	170	150
	30	160	137
12	25	174	138
	30	164	119

同向、异向双钩拉筋的外皮尺寸 L_1 比较表（mm）　　　　表 1-17

限于 $B=250$mm；$R=2.5d$ 使用

d	bhc	端钩同向 $L_1=B-2bhc+2d$	端钩异向 $L_1=\sqrt{(B-2bhc-2R)^2-(2R+d)^2}+2R+2d$
6	25	212	208
	30	202	198
6.5	25	213	208
	30	203	198
8	25	216	209
	30	206	198
10	25	220	207
	30	210	197
12	25	224	204
	30	214	192

同向、异向双钩拉筋的外皮尺寸 L_1 比较表（mm）　　　　表 1-18

限于 $B=300$mm；$R=2.5d$ 使用

d	bhc	端钩同向 $L_1=B-2bhc+2d$	端钩异向 $L_1=\sqrt{(B-2bhc-2R)^2-(2R+d)^2}+2R+2d$
6	25	262	259
	30	252	249
6.5	25	263	260
	30	253	249
8	25	266	260
	30	256	250
10	25	270	261

d	bhc	端钩同向	端钩异向
		$L_1 = B - 2bhc + 2d$	$L_1 = \sqrt{(B-2bhc-2R)^2 - (2R+d)^2} + 2R + 2d$
10	30	260	250
12	25	274	260
	30	264	249

同向、异向双钩拉筋的外皮尺寸 L_1 比较表（mm）　　　　表 1-19

限于 $B = 350\text{mm}$；$R = 2.5d$ 使用

d	bhc	端钩同向	端钩异向
		$L_1 = B - 2bhc + 2d$	$L_1 = \sqrt{(B-2bhc-2R)^2 - (2R+d)^2} + 2R + 2d$
6	25	312	310
	30	302	300
6.5	25	313	310
	30	303	300
8	25	316	312
	30	306	301
10	25	320	313
	30	310	302
12	25	324	313
	30	314	302

同向、异向双钩拉筋的外皮尺寸 L_1 比较表（mm）　　　　表 1-20

限于 $B = 400\text{mm}$；$R = 2.5d$ 使用

d	bhc	端钩同向	端钩异向
		$L_1 = B - 2bhc + 2d$	$L_1 = \sqrt{(B-2bhc-2R)^2 - (2R+d)^2} + 2R + 2d$
6	25	362	360
	30	352	350
6.5	25	363	361
	30	353	351
8	25	366	362
	30	356	352
10	25	370	364
	30	360	354
12	25	374	365
	30	364	355

同向、异向双钩拉筋的外皮尺寸 L_1 比较表（mm）　　　　表 1-21

限于 $B=450$mm；$R=2.5d$ 使用

d	bhc	端钩同向 $L_1=B-2bhc+2d$	端钩异向 $L_1=\sqrt{(B-2bhc-2R)^2-(2R+d)^2}+2R+2d$
6	25	412	410
	30	402	400
6.5	25	413	411
	30	403	401
8	25	416	413
	30	406	403
10	25	420	415
	30	410	405
12	25	424	416
	30	414	406

同向、异向双钩拉筋的外皮尺寸 L_1 比较表（mm）　　　　表 1-22

限于 $B=500$mm；$R=2.5d$ 使用

d	bhc	端钩同向 $L_1=B-2bhc+2d$	端钩异向 $L_1=\sqrt{(B-2bhc-2R)^2-(2R+d)^2}+2R+2d$
6	25	462	461
	30	452	450
6.5	25	463	461
	30	453	451
8	25	466	463
	30	456	453
10	25	470	466
	30	460	455
12	25	474	467
	30	464	457

同向、异向双钩拉筋的外皮尺寸 L_1 比较表（mm）　　　　表 1-23

限于 $B=550$mm；$R=2.5d$ 使用

d	bhc	端钩同向 $L_1=B-2bhc+2d$	端钩异向 $L_1=\sqrt{(B-2bhc-2R)^2-(2R+d)^2}+2R+2d$
6	25	512	511
	30	502	501
6.5	25	513	511
	30	503	501

d	bhc	端钩同向 $L_1=B-2bhc+2d$	端钩异向 $L_1=\sqrt{(B-2bhc-2R)^2-(2R+d)^2}+2R+2d$
8	25	516	514
8	30	506	503
10	25	520	516
10	30	510	506
12	25	524	518
12	30	514	508

同向、异向双钩拉筋的外皮尺寸 L_1 比较表（mm）　　　　表 1-24

限于 $B=600mm$；$R=2.5d$ 使用

d	bhc	端钩同向 $L_1=B-2bhc+2d$	端钩异向 $L_1=\sqrt{(B-2bhc-2R)^2-(2R+d)^2}+2R+2d$
6	25	562	561
6	30	552	551
6.5	25	563	561
6.5	30	553	552
8	25	566	564
8	30	556	554
10	25	570	556
10	30	560	556
12	25	574	569
12	30	564	559

　　请特别注意，当钢筋弯曲半径（$R=2.5d$）＜纵向受力钢筋的直径时，应该用纵向受力钢筋的直径取代（$R=2.5d$），另行计算。

　　再比如，具有异向钩的拉筋，绑扎后的样子和尺寸，如图 1-57（a）所示。

　　该拉筋预加工成 $90°$（图 1-57b）。图中 $L_2'=L_2+$外皮差值。外皮差值见表 1-6。

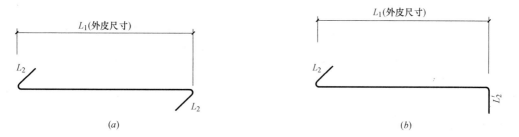

图 1-57　异向钩的拉筋绑扎后的样子和尺寸

（4）同时勾住纵向受力钢筋和箍筋的拉筋

在梁、柱构件中经常遇到拉筋同时勾住纵向受力钢筋和箍筋，如图 1-58 所示。这种钢箍的外皮长度尺寸，比只勾住纵向受力钢筋的拉筋，长两个箍筋直径。如果是具有异向钩的拉筋，可以采用表 1-14～表 1-24 中的数据计算。

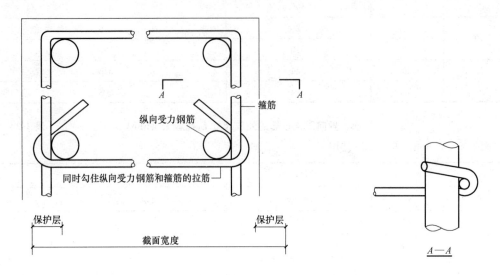

图 1-58　拉筋同时勾柱纵向受力钢筋和箍筋

从式（1-56）根号中的因子分析可以看出，外皮尺寸 L_1 存在定义域，截面宽度是有限度的。

1.1.5　平法钢筋计算相关数据

1. 钢筋的计算截面面积及理论重量

钢筋的计算截面面积及理论重量见表 1-25。

钢筋的公称直径、公称截面面积及理论重量　　　　　　　表 1-25

公称直径 /mm	不同根数钢筋的计算截面面积/mm²									单根钢筋理论重量 /(kg/m)
	1	2	3	4	5	6	7	8	9	
6	28.3	57	85	113	142	170	198	226	255	0.222
8	50.3	101	151	201	252	302	352	402	453	0.395
10	78.5	157	236	314	393	471	550	628	707	0.617
12	113.1	226	339	452	565	678	791	904	1017	0.888
14	153.9	308	461	615	769	923	1077	1231	1385	1.21
16	201.1	402	603	804	1005	1206	1407	1608	1809	1.58
18	254.5	509	763	1017	1272	1527	1781	2036	2290	2.00(2.11)
20	314.2	628	942	1256	1570	1884	2199	2513	2827	2.47
22	380.1	760	1140	1520	1900	2281	2661	3041	3421	2.98

公称直径 /mm	不同根数钢筋的计算截面面积/mm²									单根钢筋理论重量 /(kg/m)
	1	2	3	4	5	6	7	8	9	
25	490.9	982	1473	1964	2454	2945	3436	3927	4418	3.85(4.10)
28	615.8	1232	1847	2463	3079	3695	4310	4926	5542	4.83
32	804.2	1609	2413	3217	4021	4826	5630	6434	7238	6.31(6.65)
36	1017.9	2036	3054	4072	5089	6107	7125	8143	9161	7.99
40	1256.6	2513	3770	5027	6283	7540	8796	10053	11310	9.87(10.34)
50	1963.5	3928	5892	7856	9820	11784	13748	15712	17676	15.42(16.28)

注：括号内为预应力螺纹钢筋的数值。

2. 钢筋的锚固长度

（1）受拉钢筋的基本锚固长度见表1-26、表1-27。

受拉钢筋基本锚固长度 l_{ab} 　　　　　　　　　　表1-26

钢筋种类	混凝土强度等级								
	C20	C25	C30	C35	C40	C45	C50	C55	≥C60
HPB300	39d	34d	30d	28d	25d	24d	23d	22d	21d
HRB335	38d	33d	29d	27d	25d	23d	22d	21d	21d
HRB400、HRBF400、RRB400	—	40d	35d	32d	29d	28d	27d	26d	25d
HRB500、HRBF500	—	48d	43d	39d	36d	34d	32d	31d	30d

抗震设计时受拉钢筋基本锚固长度 l_{abE} 　　　　　　　　表1-27

钢筋种类		混凝土强度等级								
		C20	C25	C30	C35	C40	C45	C50	C55	≥C60
HPB300	一、二级	45d	39d	35d	32d	29d	28d	26d	25d	24d
	三级	41d	36d	32d	29d	26d	25d	24d	23d	22d
HRB335	一、二级	44d	38d	33d	31d	29d	26d	25d	24d	24d
	三级	40d	35d	31d	28d	26d	24d	23d	22d	22d
HRB400 HRBF400	一、二级	—	46d	40d	37d	33d	32d	31d	30d	29d
	三级	42d	37d	34d	30d	29d	28d	27d	26d
HRB500 HRBF500	一、二级	—	55d	49d	45d	41d	39d	37d	36d	35d
	三级	—	50d	45d	41d	38d	36d	34d	33d	32d

注：1. 四级抗震时，$l_{abE} = l_{ab}$。
　　2. 当锚固钢筋的保护层厚度不大于5d时，锚固钢筋长度范围内应设置横向构造钢筋，其直径不应小于d/4（d为锚固钢筋的最大直径）；对梁、柱等构件间距不应大于5d，对板、墙等构件间距不应大于10d，且均不应大于100mm（d为锚固钢筋的最小直径）。

（2）受拉钢筋的锚固长度见表1-28、表1-29。

受拉钢筋锚固长度 l_a　　　　　　　表 1-28

钢筋种类	混凝土强度等级																
	C20	C25		C30		C35		C40		C45		C50		C55		≥C60	
	$d≤25$	$d≤25$	$d>25$	$d≤25$	$d>25$	$d≤25$	$d>25$	$d≤25$	$d>25$	$d≤25$	$d>25$	$d≤25$	$d>25$	$d≤25$	$d>25$	$d≤25$	$d>25$
HPB300	39d	34d	—	30d	—	28d	—	25d	—	24d	—	23d	—	22d	—	21d	—
HRB335	38d	33d	—	29d	—	27d	—	25d	—	23d	—	22d	—	21d	—	21d	—
HRB400、HRBF400 RRB400	—	40d	44d	35d	39d	32d	35d	29d	32d	28d	31d	27d	30d	26d	29d	25d	28d
HRB500、HRBF500	—	48s	53d	43d	47d	39d	43d	36d	40d	34d	37d	32d	35d	31d	34d	30d	33d

受拉钢筋抗震锚固长度 l_{aE}　　　　　　　表 1-29

钢筋种类		混凝土强度等级																
		C20	C25		C30		C35		C40		C45		C50		C55		≥C60	
		$d≤25$	$d≤25$	$d>25$	$d≤25$	$d>25$	$d≤25$	$d>25$	$d≤25$	$d>25$	$d≤25$	$d>25$	$d≤25$	$d>25$	$d≤25$	$d>25$	$d≤25$	$d>25$
HPB300	一、二级	45d	39d	—	35d	—	32d	—	29d	—	28d	—	26d	—	25d	—	24d	—
	三级	41d	36d	—	32d	—	29d	—	26d	—	25d	—	24d	—	23d	—	22d	—
HRB335	一、二级	44d	38d	—	33d	—	31d	—	29d	—	26d	—	25d	—	24d	—	24d	—
	三级	40d	35d	—	30d	—	28d	—	26d	—	24d	—	23d	—	22d	—	22d	—
HRB400 HRBF400	一、二级	—	46d	51d	40d	45d	37d	40d	33d	37d	32d	36d	31d	35d	30d	33d	29d	32d
	三级	—	42d	46d	37d	41d	34d	37d	30d	34d	29d	33d	28d	32d	27d	30d	26d	29d
HRB500 HRBF500	一、二级	—	55d	61d	49d	54d	45d	49d	41d	46d	39d	43d	37d	40d	36d	39d	35d	38d
	三级	—	50d	56d	45d	49d	41d	45d	38d	42d	36d	39d	34d	37d	33d	36d	32d	35d

注：1. 当为环氧树脂涂层带肋钢筋时，表中数据尚应乘以 1.25。

2. 当纵向受拉钢筋在施工过程中易受扰动时，表中数据尚应乘以 1.1。

3. 当锚固长度范围内纵向受力钢筋周边保护层厚度为 $3d$、$5d$（d 为锚固钢筋的直径）时，表中数据可分别乘以 0.8、0.7；中间时按内插值。

4. 当纵向受拉普通钢筋锚固长度修正系数（注 1～注 3）多于一项时，可按连乘计算。

5. 受拉钢筋的锚固长度 l_a、l_{aE} 计算值不应小于 200。

6. 四级抗震时，$l_{aE} = l_a$。

7. 当锚固钢筋的保护层厚度不大于 $5d$ 时，锚固钢筋长度范围内应设置横向构造钢筋，其直径不应小于 $d/4$（d 为锚固钢筋的最大直径）；对梁、柱等构件间距不应大于 $5d$，对板、墙等构件间距不应大于 $10d$，且均不应大于 100（d 为锚固钢筋的最小直径）。

8. HPB300 级钢筋末端应做 180°弯钩，做法详见图 1-59。

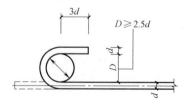

图 1-59　光圆钢筋末端 180°弯钩

3. 钢筋搭接长度

纵向受拉钢筋搭接长度见表1-30、表1-31。

纵向受拉钢筋搭接长度 l_l 　　　　　　　　　　　表1-30

钢筋种类			混凝土强度等级															
			C20	C25		C30		C35		C40		C45		C50		C55		≥C60
			$d{\leqslant}25$	$d{\leqslant}25$	$d{>}25$	$d{\leqslant}25$	$d{>}25$	$d{\leqslant}25$	$d{>}25$	$d{\leqslant}25$	$d{>}25$	$d{\leqslant}25$	$d{>}25$	$d{\leqslant}25$	$d{>}25$	$d{\leqslant}25$	$d{>}25$	$d{\leqslant}25$	$d{>}25$
HPB300	≤25%		47d	41d	—	36d	—	34d	—	30d	—	29d	—	28d	—	26d	—	25d	—
	50%		55d	48d	—	42d	—	39d	—	35d	—	34d	—	32d	—	31d	—	29d	—
	100%		62d	54d	—	48d	—	45d	—	40d	—	38d	—	37d	—	35d	—	34d	—
HRB335	≤25%		46d	40d	—	35d	—	32d	—	30d	—	28d	—	26d	—	25d	—	25d	—
	50%		53d	46d	—	41d	—	38d	—	35d	—	32d	—	31d	—	29d	—	29d	—
	100%		61d	53d	—	46d	—	43d	—	40d	—	37d	—	35d	—	34d	—	34d	—
HRB400 HRBF400 RRB400	≤25%		—	48d	53d	42d	47d	38d	42d	35d	38d	34d	37d	32d	36d	31d	35d	30d	34d
	50%		—	56d	62d	49d	55d	45d	49d	41d	45d	39d	43d	38d	42d	36d	41d	35d	39d
	100%		—	64d	70d	56d	62d	51d	56d	46d	51d	45d	50d	43d	48d	42d	46d	40d	45d
HRB500 HRBF500	≤25%		58d	64d	52d	56d	47d	52d	43d	48d	41d	44d	38d	42d	37d	41d	36d	40d		
	50%		67d	74d	60d	66d	55d	60d	50d	56d	48d	52d	45d	49d	43d	48d	42d	46d		
	100%		77d	85d	69d	75d	62d	69d	58d	64d	54d	59d	51d	56d	50d	54d	48d	53d		

注：1. 表中数值为纵向受拉钢筋绑扎搭接接头的搭接长度。

2. 两根不同直径钢筋搭接时，表中 d 取较细钢筋直径。

3. 当为环氧树脂涂层带肋钢筋时，表中数据尚应乘以1.25。

4. 当纵向受拉钢筋在施工过程中易受扰动时，表中数据尚应乘以1.1。

5. 当搭接长度范围内纵向受力钢筋周边保护层厚度为 $3d$、$5d$（d 为搭接钢筋的直径）时，表中数据尚可分别乘以0.8、0.7；中间时按内插值。

6. 当上述修正系数（注3~注5）多于一项时，可按连乘计算。

7. 位于同一连接区段内的钢筋搭接接头面积百分率为表中数据中间值时，搭接长度可按内插取值。

8. 任何情况下，搭接长度不应小于300。

9. HPB300级钢筋末端应做180°弯钩，做法详见图1-59。

纵向受拉钢筋抗震搭接长度 l_{lE} 　　　　　　　　　　表1-31

钢筋种类				混凝土强度等级															
				C20	C25		C30		C35		C40		C45		C50		C55		≥C60
				$d{\leqslant}25$	$d{\leqslant}25$	$d{>}25$	$d{\leqslant}25$	$d{>}25$	$d{\leqslant}25$	$d{>}25$	$d{\leqslant}25$	$d{>}25$	$d{\leqslant}25$	$d{>}25$	$d{\leqslant}25$	$d{>}25$	$d{\leqslant}25$	$d{>}25$	$d{\leqslant}25$	$d{>}25$
一、二级抗震等级	HPB300	≤25%		54d	47d	—	42d	—	38d	—	35d	—	34d	—	31d	—	30d	—	29d	—
		50%		63d	55d	—	49d	—	45d	—	41d	—	39d	—	36d	—	35d	—	34d	—
	HRB335	≤25%		53d	46d	—	40d	—	37d	—	35d	—	31d	—	30d	—	29d	—	29d	—
		50%		62d	53d	—	46d	—	43d	—	41d	—	36d	—	35d	—	34d	—	34d	—
	HRB400 HRBF400	≤25%		—	55d	61d	48d	54d	44d	48d	40d	44d	38d	43d	37d	42d	36d	40d	35d	38d
		50%		—	64d	71d	56d	63d	52d	56d	46d	52d	45d	50d	43d	49d	42d	46d	41d	45d

续表

钢筋种类			C20 d≤25	C25 d≤25	C25 d>25	C30 d≤25	C30 d>25	C35 d≤25	C35 d>25	C40 d≤25	C40 d>25	C45 d≤25	C45 d>25	C50 d≤25	C50 d>25	C55 d≤25	C55 d>25	≥C60 d≤25	≥C60 d>25
一、二级抗震等级	HRB500 HRBF500	≤25%	—	66d	73d	59d	65d	54d	59d	49d	55d	47d	52d	44d	48d	43d	47d	42d	46d
		50%	—	77d	85d	69d	76d	63d	69d	57d	64d	55d	60d	52d	56d	50d	55d	49d	53d
三级抗震等级	HPB300	≤25%	49d	43d	—	38d	—	35d	—	31d	—	30d	—	29d	—	28d	—	26d	—
		50%	57d	50d	—	45d	—	41d	—	36d	—	25d	—	34d	—	32d	—	31d	
	HRB335	≤25%	48d	42d	—	36d	—	34d	—	31d	—	29d	—	28d	—	26d	—	26d	
		50%	56d	49d	—	42d	—	39d	—	36d	—	34d	—	32d	—	31d	—	31d	
	HRB400 HRBF400	≤25%	—	50d	55d	44d	49d	41d	44d	36d	41d	35d	40d	34d	38d	32d	36d	31d	35d
		50%	—	59d	64d	52d	57d	48d	52d	42d	48d	41d	46d	39d	45d	38d	42d	36d	41d
	HRB500 HRBF500	≤25%	—	60d	67d	54d	59d	49d	54d	46d	50d	43d	47d	41d	44d	40d	43d	38d	42d
		50%	—	70d	78d	63d	69d	57d	63d	53d	59d	50d	55d	48d	52d	46d	50d	45d	49d

注：1. 表中数值为纵向受拉钢筋绑扎搭接接头的搭接长度。
　　2. 两根不同直径钢筋搭接时，表中 d 取较细钢筋直径。
　　3. 当为环氧树脂涂层带肋钢筋时，表中数据尚应乘以 1.25。
　　4. 当纵向受拉钢筋在施工过程中易受扰动时，表中数据尚应乘以 1.1。
　　5. 当搭接长度范围内纵向受力钢筋周边保护层厚度为 3d、5d（d 为搭接钢筋的直径）时，表中数据尚可分别乘以 0.8、0.7；中间时按内插值。
　　6. 当上述修正系数（注 3～注 5）多于一项时，可按连乘计算。
　　7. 当位于同一连接区段内的钢筋搭接接头面积百分率为 100%时，$l_{lE}=1.6l_{aE}$。
　　8. 当位于同一连接区段内的钢筋搭接接头面积百分率为表中数据中间值时，搭接长度可按内插取值。
　　9. 任何情况下，搭接长度不应小于 300。
　　10. 四级抗震等级时，$l_{lE}=l_l$。
　　11. HPB300 级钢筋末端应做 180°弯钩，做法详见图 1-59。

4. 钢筋混凝土结构伸缩缝最大间距

钢筋混凝土结构伸缩缝最大间距见表 1-32。

钢筋混凝土结构伸缩缝最大间距（m）　　　　　　　表 1-32

结构类别		室内或土中	露天
排架结构	装配式	100	70
框架结构	装配式	75	50
	现浇式	55	35
剪力墙结构	装配式	65	40
	现浇式	45	30
挡土墙、地下室墙壁等类结构	装配式	40	30
	现浇式	30	20

注：1. 装配整体式结构的伸缩缝间距，可根据结构的具体情况取表中装配式结构与现浇式结构之间的数值。
　　2. 框架-剪力墙结构或框架-核心筒结构房屋的伸缩缝间距，可根据结构的具体情况取表中框架结构与剪力墙结构之间的数值。
　　3. 当屋面无保温或隔热措施时，框架结构、剪力墙结构的伸缩缝间距宜按表中露天栏的数值取用。
　　4. 现浇挑檐、雨罩等外露结构的局部伸缩缝间距不宜大于 12m。

5. 现浇钢筋混凝土房屋适用的最大高度

现浇钢筋混凝土房屋适用的最大高度见表 1-33。

现浇钢筋混凝土房屋适用的最大高度（m）　　　　　表 1-33

结 构 类 型		烈　　度				
		6	7	8(0.2g)	8(0.3g)	9
框架		60	50	40	35	24
框架-抗震墙		130	120	100	80	50
抗震墙		140	120	100	80	60
部分框支抗震墙		120	100	80	50	不应采用
筒体	框架-核心筒	150	130	100	90	70
	筒中筒	180	150	120	100	80
板柱-抗震墙		80	70	55	40	不应采用

注：1. 房屋高度指室外地面到主要屋面板板顶的高度（不包括局部突出屋顶部分）。

　　2. 框架-核心筒结构指周边稀柱框架与核心筒组成的结构。

　　3. 部分框支抗震墙结构指首层或底部两层为框支层的结构，不包括仅个别框支墙的情况。

　　4. 表中框架，不包括异形柱框架。

　　5. 板柱-抗震墙结构指板柱、框架和抗震墙组成抗侧力体系的结构。

　　6. 乙类建筑可按本地区抗震设防烈度确定其适用的最大高度。

　　7. 超过表内高度的房屋，应进行专门研究和论证，采取有效的加强措施。

1.1.6　钢筋设计尺寸和施工下料尺寸

1. 同样长梁中的有直形钢筋和加工弯折的钢筋

参看图 1-60 和图 1-61。

图 1-60　直形钢筋　　　　　　　　　　　图 1-61　弯折的钢筋

虽然图 1-60 中的钢筋和图 1-61 中的钢筋，两端保护层的距离相同，但是它们的中心线的长度并不相同。下面放大它们的端部便一目了然。

看过图 1-62 和图 1-63，经过比较就清楚多了。图 1-63 中右边钢筋中心线到梁端的距

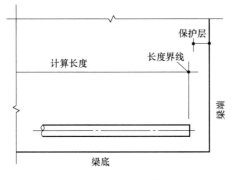

图 1-62　直形钢筋计算长度

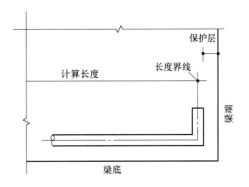

图 1-63　弯折钢筋计算长度

离，是保护层加二分之一钢筋直径。考虑两端的时候，其中心线长度要比图 1-62 中的短了一个直径。

2. 大于 90°、不大于 180°弯钩的设计标注尺寸

图 1-64 通常是结构设计尺寸的标注方法，也常与保护层有关；图 1-65 常用在拉筋的尺寸标注上。

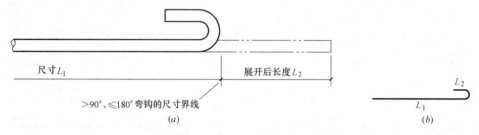

图 1-64 大于 90°、不大于 180°弯钩的标注

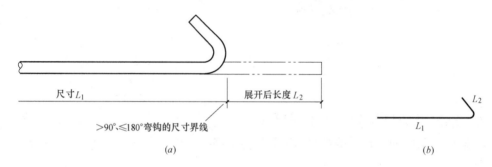

图 1-65 拉筋尺寸标注

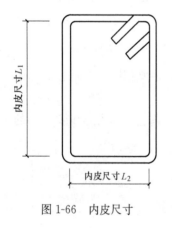

图 1-66 内皮尺寸

3. 内皮尺寸

梁和柱中的箍筋，为了方便设计，通常用内皮尺寸标注。由于梁、柱截面的高、宽尺寸，各减去保护层厚度，就是箍筋的高、宽内皮尺寸。如图 1-66 所示。

4. 用于 30°、60°、90°斜筋的辅助尺寸

遇到有弯折的斜筋，需要标注尺寸时，除了沿斜向标注其外皮尺寸外，还要把斜向尺寸当作直角三角形的斜边，而另外标注出其两个直角边的尺寸。如图 1-67 所示。

从图 1-67 上，并看不出是不是外皮尺寸。如果再看图 1-68，就可以知道它是外皮尺寸了。

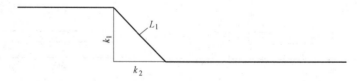

图 1-67 辅助尺寸

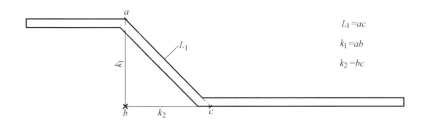

$$L_1 = ac$$
$$k_1 = ab$$
$$k_2 = bc$$

图 1-68　外皮尺寸

1.2　平法结构钢筋图识读基础

1.2.1　平法的概念

平法的表达形式，概括来讲，就是把结构构件的尺寸和配筋等，按照平面整体表示方法制图规则，整体直接表达在各类构件的结构平面布置图上，再与标准构造详图相配合，即构成一套新型完整的结构设计。改变了传统的那种将构件从结构平面布置图中索引出来，再逐个绘制配筋详图、画出钢筋表的繁琐方法。

按平法设计绘制的施工图，一般是由两大部分构成，即各类结构构件的平法施工图和标准构造详图，但对于复杂的工业与民用建筑，尚需增加模板、预埋件和开洞等平面图。只有在特殊情况下才需增加剖面配筋图。

按平法设计绘制结构施工图时，应明确下列几个方面的内容：

（1）必须根据具体工程设计，按照各类构件的平法制图规则，在按结构（标准）层绘制的平面布置图上直接表示各构件的配筋、尺寸和所选用的标准构造详图。出图时，宜按基础、柱、剪力墙、梁、板、楼梯及其他构件的顺序排列。

（2）应将所有各构件进行编号，编号中含有类型代号和序号等。其中，类型代号的主要作用是指明所选用的标准构造详图；在标准构造详图上，已经按其所属构件类型注明代号，以明确该详图与平法施工图中相同构件的互补关系，使两者结合构成完整的结构设计图。

（3）应当用表格或其他方式注明包括地下和地上各层的结构层楼（地）面标高、结构层高及相应的结构层号。

在单项工程中其结构层楼面标高和结构层高必须统一，以确保基础、柱与墙、梁、板等用同一标准竖向定位。为了便于施工，应将统一的结构层楼面标高和结构层高分别放在柱、墙、梁等各类构件的平法施工图中。

注：结构层楼面标高是指将建筑图中的各层地面和楼面标高值扣除建筑面层及垫层做法厚度后的标高，结构层号应与建筑楼面层号对应一致。

（4）按平法设计绘制施工图，为了能够保证施工员准确无误地按平法施工图进行施工，在具体工程的结构设计总说明中必须写明下列与平法施工图密切相关的内容：

1）选用平法标准图的图集号。

2）混凝土结构的使用年限。

3）应写明抗震设防烈度及抗震等级，以明确选用相应抗震等级的标准构造详图。

4）写明各类构件在其所在部位所选用的混凝土的强度等级和钢筋级别，以确定相应纵向受拉钢筋的最小搭接长度及最小锚固长度等。

5）写明柱纵筋、墙身分布筋、梁上部贯通筋等在具体工程中需接长时所采用的接头形式及有关要求。必要时，尚应注明对钢筋的性能要求。

6）当标准构造详图有多种可选择的构造做法时，写明在何部位选用何种构造做法。当没有写明时，则为设计人员自动授权施工员可以任选一种构造做法进行施工。

7）写明结构不同部位所处的环境类别。

8）注明上部结构的嵌固部位位置；框架柱嵌固部位不在地下室顶板，但仍需考虑地下室顶板对上部结构实际存在嵌固作用时，也应注明。

9）设置后浇带时，注明后浇带的位置、浇筑时间和后浇混凝土的强度等级以及其他特殊要求。

10）当柱、墙或梁与填充墙需要拉结时，其构造详图应由设计者根据墙体材料和规范要求选用相关国家建筑标准设计图集或自行绘制。

11）当具体工程需要对图集标准构造详图做局部变更时，应注明变更的具体内容。

12）当具体工程中有特殊要求时，应在施工图中另加说明。

1.2.2　平法的实用效果

（1）平法采用标准化的设计制图规则，结构施工图表达数字化、符号化，单张图纸的信息量高而且集中；构件分类明确，层次清晰，表达准确，设计速度快，效率成倍提高；平法使设计者易掌握全局，易进行平衡调整，易修改，易校审，改图可不牵连其他构件，易控制设计质量；平法既能适应建设业主分阶段分层提图施工的要求，也可适应在主体结构开始施工后又进行大幅度调整的特殊情况。平法分结构层设计的图纸与水平逐层施工的顺序完全一致，对标准层可实现单张图纸施工，施工工程师对结构比较容易形成整体概念，有利于施工质量管理。

（2）平法采用标准化的构造设计，形象、直观，施工易懂、易操作。标准构造详图集国内较成熟、可靠的常规节点构造之大成，集中分类归纳整理后编制成国家建筑标准设计图集供设计选用，可避免构造做法反复抄袭以及由此产生的设计失误，保证节点构造在设计与施工两个方面均达到高质量。此外，对节点构造的研究、设计和施工实现专门化提出了更高的要求，已初步形成结构设计与施工的部分技术规则。

（3）平法大幅度降低设计成本，降低设计消耗，节约自然资源。平法施工图是有序化定量化的设计图纸，与其配套使用的标准设计图集可以重复使用，与传统方法相比图纸量减少70%以上，减少了综合设计工日，降低了设计成本，在节约人力资源的同时又节约了自然资源，为保护自然环境间接做出突出贡献。

1.2.3 平法制图与传统图示方法的区别

（1）以框架图中的梁和柱为例，在"平法制图"中的钢筋图示方法，施工图中只绘制梁、柱平面图，不绘制梁、柱中配置钢筋的立面图（梁不画截面图；而柱在其平面图上，只按编号不同各取一个在原位放大画出带有钢筋配置的柱截面图）。

（2）传统的框架图中梁和柱，既画梁、柱平面图，同时也绘制梁、柱中配置钢筋的立面图及其截面图；但在"平法制图"中的钢筋配置，省略不画这些图，而是去查阅《混凝土结构施工图平面整体表示方法制图规则和构造详图》。

（3）传统的混凝土结构施工图，可以直接从其绘制的详图中读取钢筋配置尺寸，而"平法制图"则需要查找相应的详图——《混凝土结构施工图平面整体表示方法制图规则和构造详图》中相应的详图，而且，钢筋的大小尺寸和配置尺寸，均以"相关尺寸"（跨度、钢筋直径、搭接长度、锚固长度等）为变量的函数来表达，而不是具体数字。藉此用来实现其标准图的通用性。概括地说，"平法制图"使混凝土结构施工图的内容简化了。

（4）柱与剪力墙的"平法制图"，均以施工图列表注写方式，表达其相关规格与尺寸。

（5）"平法制图"中的突出特点，表现在梁的"原位标注"和"集中标注"上。"原位标注"概括地说分两种：标注在柱子附近处，且在梁上方，是承受负弯矩的箍筋直径和根数，其钢筋布置在梁的上部。标注在梁中间且下方的钢筋，是承受正弯矩的，其钢筋布置在梁的下部。"集中标注"是从梁平面图的梁处引铅垂线至图的上方，注写梁的编号、挑梁类型、跨数、截面尺寸、箍筋直径、箍筋肢数、箍筋间距、梁侧面纵向构造钢筋或受扭钢筋的直径和根数、通长筋的直径和根数等。如果"集中标注"中有通长筋时，则"原位标注"中的负筋数包含通长筋的数。

（6）在传统的混凝土结构施工图中，计算斜截面的抗剪强度时，在梁中配置45°或60°的弯起钢筋。而在"平法制图"中，梁不配置这种弯起钢筋。而是由加密的箍筋来承受其斜截面的抗剪强度。

1.2.4 平法图集与其他标准图集的不同

我们所接触的大量标准图集，都是"构件类"标准图集，如预制平板图集、薄腹梁图集、梯形屋架图集、大型屋面板图集等，这些图集对每一个具体的构件，除注明了其工程做法之外，还给出了明确的工程量——混凝土体积、各种钢筋的用量和预埋铁件的用量等。

平法图集与这类图集不同，它主要讲的是混凝土结构施工图平面整体表示方法，也就是"平法"，而不是指只针对某一类构件。

"平法"的实质，是把结构设计师的创造性劳动与重复性劳动区分开来。一方面，把结构设计中的重复性部分，做成标准化的节点构造；另一方面，把结构设计中的创造性部分，使用"平法"来进行设计，从而达到简化设计的目的。

因此，每一本平法标准图集都包括"平法"的标准设计规则和标准的节点构造两部分内容。

使用"平法"设计施工图以后，简化了结构设计工作，使图纸数量大大减少，加快了设计的速度。但是，也给施工和预算带来了困难。以前的图纸有构件的大样图和钢筋表，照表下料、按图绑扎就可以完成施工任务。钢筋表还给出了钢筋重量的汇总数值，做工程预算是很方便的。但现在整个构件的大样图要根据施工图上的平法标注，结合标准图集给出的节点构造去进行想象，钢筋表更是要自己努力去把每根钢筋的形状和尺寸逐一计算出来。一个普通工程至少会用到几千种钢筋，显然，采用手工计算来处理上述工作是极端麻烦的。

如何解决这样的一个矛盾呢？于是，系统分析师和软件工程师共同努力，研究出"平法钢筋自动计算软件"，用户只需要在"结构平面图"上按平法进行标注，就能够自动计算出《工程钢筋表》来。但是，光靠软件是不够的，计算机软件不能完全取代人的作用，使用软件的人也要看懂平法施工图纸、熟悉平法的基本技术。更何况使用平法施工图的人员也不仅仅是预算员。

2 梁构件钢筋下料

2.1 梁构件识图

2.1.1 梁构件施工图制图规则

1. 梁平法施工图表示方法

（1）梁平法施工图是在梁平面布置图上采用平面注写方式或截面注写方式表达。

（2）梁平面布置图，应分别按梁的不同结构层（标准层），将全部梁和与其相关联的柱、墙、板一起采用适当比例绘制。

（3）在梁平法施工图中，尚应注明各结构层的顶面标高及相应的结构层号。

（4）对于轴线未居中的梁，应标注其偏心定位尺寸（贴柱边的梁可不注）。

2. 平面注写方式

（1）平面注写方式是在梁平面布置图上，分别在不同编号的梁中各选一根梁，在其上注写截面尺寸和配筋具体数值的方式来表达梁平法施工图。

平面注写包括集中标注与原位标注，集中标注表达梁的通用数值，原位标注表达梁的特殊数值。当集中标注中的某项数值不适用于梁的某部位时，则将该项数值原位标注，施工时，原位标注取值优先，如图 2-1 所示。

（2）梁编号由梁类型代号、序号、跨数及有无悬挑代号几项组成，并应符合表 2-1 的规定。

梁编号 表 2-1

梁类型	代号	序号	跨数及是否带有悬挑
楼层框架梁	KL	××	(××)、(××A)或(××B)
楼层框架扁梁	KBL	××	(××)、(××A)或(××B)
屋面框架梁	WKL	××	(××)、(××A)或(××B)
非框架梁	L	××	(××)、(××A)或(××B)
框支梁	KZL	××	(××)、(××A)或(××B)
托柱转换梁	TZL	××	(××)、(××A)或(××B)
悬挑梁	XL	××	(××)、(××A)或(××B)
井字梁	JZL	××	(××)、(××A)或(××B)

注：1. （××A）为一端有悬挑，（××B）为两端有悬挑，悬挑不计入跨数。

2. 楼层框架扁梁节点核心区代号 KBH。

3. 非框架梁 L、井字梁 JZL 表示端支座为铰接；当非框架梁 L、井字梁 JZL 端支座上部纵筋为充分利用钢筋的抗拉强度时，在梁代号后加"g"。

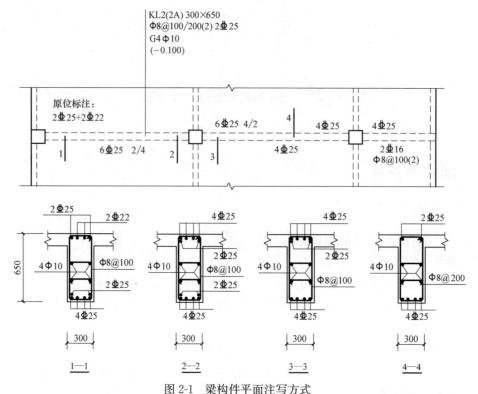

图 2-1　梁构件平面注写方式

注：图中四个梁截面是采用传统表示方法绘制，用于对比按平面注写方式表达的同样内容。

实际采用平面注写方式表达时，不需绘制梁截面配筋图和图中的相应截面号。

（3）梁集中标注的内容，有五项必注值及一项选注值（集中标注可以从梁的任意一跨引出），规定如下：

1）梁编号，见表 2-1，该项为必注值。

2）梁截面尺寸，该项为必注值。

当为等截面梁时，用 $b \times h$ 表示；

当为竖向加腋梁时，用 $b \times h$　$Yc_1 \times c_2$ 表示，其中 c_1 为腋长，c_2 为腋高，如图 2-2 所示；

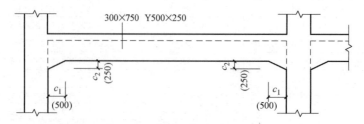

图 2-2　竖向加腋梁标注

当为水平加腋梁时，一侧加腋时用 $b \times h$　$PYc_1 \times c_2$ 表示，其中 c_1 为腋长，c_2 为腋宽，加腋部位应在平面图中绘制，如图 2-3 所示；

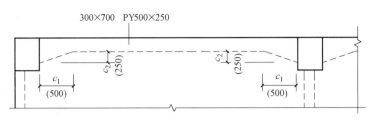

图 2-3　水平加腋梁标注

当有悬挑梁并且根部和端部的高度不同时，用斜线分隔根部与端部的高度值，即为 $b \times h_1/h_2$，如图 2-4 所示。

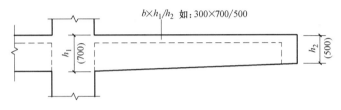

图 2-4　悬挑梁不等高截面标注

3）梁箍筋，包括钢筋级别、直径、加密区与非加密区间距及肢数，该项为必注值。箍筋加密区与非加密区的不同间距及肢数需用斜线 "/" 分隔；当梁箍筋为同一种间距及肢数时，则不需用斜线；当加密区与非加密区的箍筋肢数相同时，则将肢数注写一次；箍筋肢数应写在括号内。加密区范围见相应抗震等级的标准构造详图。

非框架梁、悬挑梁、井字梁采用不同的箍筋间距及肢数时，也用斜线 "/" 将其分隔开来。注写时，先注写梁支座端部的箍筋（包括箍筋的箍数、钢筋级别、直径、间距与肢数），在斜线后注写梁跨中部分的箍筋间距及肢数。

4）梁上部通长筋或架立筋配置（通长筋可为相同或不通知经采用搭接连接、机械连接或焊接的钢筋），该项为必注值。所注规格与根数应根据结构受力要求及箍筋肢数等构造要求而定。当同排纵筋中既有通长筋又有架立筋时，应用加号 "＋" 将通长筋和架立筋相联。注写时需将角部纵筋写在加号的前面，架立筋写在加号后面的括号内，以示不同直径及与通长筋的区别。当全部采用架立筋时，则将其写入括号内。

当梁的上部纵筋和下部纵筋为全跨相同，且多数跨配筋相同时，此项可加注下部纵筋的配筋值，用分号 "；" 将上部与下部纵筋的配筋值分隔开来表达。少数跨不同者，则将该项数值原位标注。

5）梁侧面纵向构造钢筋或受扭钢筋配置，该项为必注值。

当梁腹板高度 $h_w \geqslant 450mm$ 时，需配置纵向构造钢筋，所注规格与根数应符合规范规定。此项注写值以大写字母 G 打头，接续注写设置在梁两个侧面的总配筋值，且对称配置。

当梁侧面需配置受扭纵向钢筋时，此项注写值以大写字母 N 打头，接续注写配置在梁两个侧面的总配筋值，且对称配置。受扭纵向钢筋应满足梁侧面纵向构造钢筋的间距要求，且不再重复配置纵向构造钢筋。

注：1. 当为梁侧面构造钢筋时，其搭接与锚固长度可取为 $15d$。

2. 当为梁侧面受扭纵向钢筋时，其搭接长度为 l_l 或 l_{lE}，锚固长度为 l_a 或 l_{aE}；其锚固方式同框架梁下部纵筋。

6）梁顶面标高高差，该项为选注值。

梁顶面标高高差，系指相对于结构层楼面标高的高差值，对于位于结构夹层的梁，则指相对于结构夹层楼面标高的高差。有高差时，需将其写入括号内，无高差时不注。

注：当某梁的顶面高于所在结构层的楼面标高时，其标高高差为正值，反之为负值。

（4）梁原位标注的内容规定如下：

1）梁支座上部纵筋，该部位含通长筋在内的所有纵筋：

① 当上部纵筋多于一排时，用斜线"/"将各排纵筋自上而下分开。

② 当同排纵筋有两种直径时，用加号"＋"将两种直径的纵筋相联，注写时将角部纵筋写在前面。

③ 当梁中间支座两边的上部纵筋不同时，须在支座两边分别标注；当梁中间支座两边的上部纵筋相同时，可仅在支座的一边标注配筋值，另一边省去不注（图 2-5）。

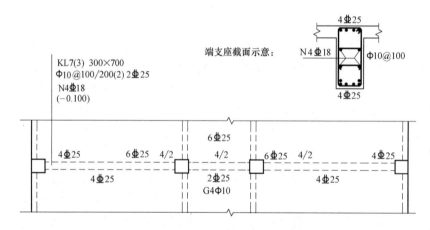

图 2-5 大小跨梁的注写示意

设计时应注意：

a. 对于支座两边不同配筋值的上部纵筋，宜尽可能选用相同直径（不同根数），使其贯穿支座，避免支座两边不同直径的上部纵筋均在支座内锚固。

b. 对于以边柱、角柱为端支座的屋面框架梁，当能够满足配筋截面面积要求时，其梁的上部钢筋应尽可能只配置一层，以避免梁柱纵筋在柱顶处因层数过多、密度过大导致不方便施工和影响混凝土浇筑质量。

2）梁下部纵筋：

① 当下部纵筋多于一排时，用斜线"/"将各排纵筋自上而下分开。

② 当同排纵筋有两种直径时，用加号"＋"将两种直径的纵筋相联，注写时角筋写在前面。

③ 当梁下部纵筋不全部伸入支座时，将梁支座下部纵筋减少的数量写在括号内。

④ 当梁的集中标注中已分别注写了梁上部和下部均为通长的纵筋值时，则不需在梁下部重复做原位标注。

⑤ 当梁设置竖向加腋时，加腋部位下部斜纵筋应在支座下部以 Y 打头注写在括号内（图 2-6），图集中框架梁竖向加腋结构适用于加腋部位参与框架梁计算，其他情况设计者应另行给出构造。当梁设置水平加腋时，水平加腋内上、下部斜纵筋应在加腋支座上部以 Y 打头注写在括号内，上下部斜纵筋之间用"/"分隔（图 2-7）。

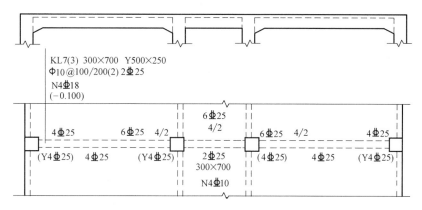

图 2-6 梁竖向加腋平面注写方式

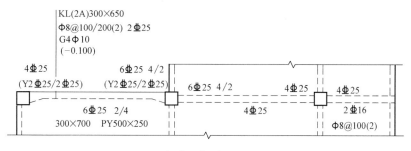

图 2-7 梁水平加腋平面注写方式

3）当在梁上集中标注的内容（即梁截面尺寸、箍筋、上部通长筋或架立筋，梁侧面纵向构造钢筋或受扭纵向钢筋，以及梁顶面标高高差中的某一项或几项数值）不适用于某跨或某悬挑部分时，则将其不同数值原位标注在该跨或该悬挑部位，施工时应按原位标注数值取用。

当在多跨梁的集中标注中已注明加腋，而该梁某跨的根部却不需要加腋时，则应在该跨原位标注等截面的 $b \times h$，以修正集中标注中的加腋信息，如图 2-6 所示。

4）附加箍筋或吊筋，将其直接画在平面图中的主梁上，用线引注总配筋值（附加箍筋的肢数注在括号内），如图 2-8 所示。当多数附加箍筋或吊筋相同时，可在梁平法施工图上统一注明，少数与统一注明值不同时，再原位引注。

施工时应注意：附加箍筋或吊筋的几何尺寸应按照标准构造详图，结合其所在位置的

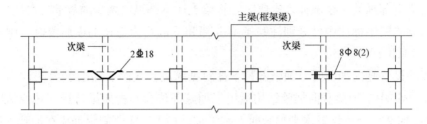

图 2-8　附加箍筋和吊筋的画法示例

主梁和次梁的截面尺寸而定。

（5）框架扁梁注写规则同框架梁，对于上部纵筋和下部纵筋，尚需注明未穿过柱截面的纵向受力钢筋根数（见图 2-9）。

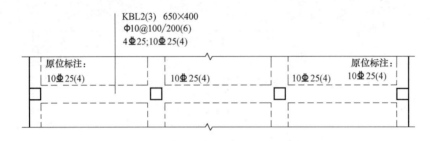

图 2-9　平面注写方式示例

（6）框架扁梁节点核心区代号为 KBH，包括柱内核心区和柱外核心区两部分。框架扁梁节点核心区钢筋注写包括柱外核心区竖向拉筋及节点核心区附加纵向钢筋，端支座节点核心区尚需注写附加 U 形箍筋。

柱内核心区箍筋见框架柱箍筋。

柱外核心区竖向拉筋，注写其钢筋级别与直径；端支座柱外核心区尚需注写附加 U 形箍筋的钢筋级别、直径及根数。

框架扁梁节点核心区附加纵向钢筋以大写字母"F"打头，注写其设置方向（X 向或 Y 向）、层数、每层的钢筋根数、钢筋级别、直径及未穿过柱截面的纵向受力钢筋根数。

设计、施工时应注意：

a. 柱外核心区竖向拉筋在梁纵向钢筋两向交叉位置均布置，当布置方式与图集要求不一致时，设计应另行绘制详图。

b. 框架扁梁端支座节点，柱外核心区设置 U 形箍筋及竖向拉筋时，在 U 形箍筋与位于柱外的梁纵向钢筋交叉位置均布置竖向拉筋。当布置方式与图集要求不一致时，设计应另行绘制详图。

c. 附加纵向钢筋应与竖向拉筋相互绑扎。

（7）井字梁通常由非框架梁构成，并以框架梁为支座（特殊情况下以专门设置的非框架大梁为支座）。在此情况下，为明确区分井字梁与作为井字梁支座的梁，井字梁用单粗虚线表示（当井字梁顶面高出板面时可用单粗实线表示），作为井字梁支座的梁用双细虚线表示（当梁顶面高出板面时可用双细实线表示）。

　　井字梁系指在同一矩形平面内相互正交所组成的结构构件，井字梁所分布范围称为"矩形平面网格区域"（简称"网格区域"）。当在结构平面布置中仅有由四根框架梁框起的一片网格区域时，所有在该区域相互正交的井字梁均为单跨；当有多片网格区域相连时，贯通多片网格区域的井字梁为多跨，且相邻两片网格区域分界处即为该井字梁的中间支座。对某根井字梁编号时，其跨数为其总支座数减1；在该梁的任意两个支座之间，无论有几根同类梁与其相交，均不作为支座（图2-10）。

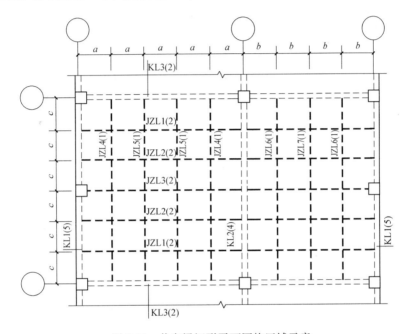

图 2-10　井字梁矩形平面网格区域示意

　　井字梁的注写规则符合前述规定。除此之外，设计者应注明纵横两个方向梁相交处同一层面钢筋的上下交错关系（指梁上部或下部的同层面交错钢筋何梁在上何梁在下），以及在该相交处两方向梁箍筋的布置要求。

　　（8）井字梁的端部支座和中间支座上部纵筋的伸出长度值 a_0，应由设计者在原位加注具体数值予以注明。

　　当采用平面注写方式时，则在原位标注的支座上部纵筋后面括号内加注具体伸出长度值，如图2-11所示。

　　当为截面注写方式时，则在梁端截面配筋图上注写的上部纵筋后面括号内加注具体伸出长度值，如图2-12所示。

　　设计时应注意：

　　a. 当井字梁连续设置在两片或多排网格区域时，才具有井字梁中间支座。

　　b. 当某根井字梁端支座与其所在网格区域之外的非框架梁相连时，该位置上部钢筋的连续布置方式需由设计者注明。

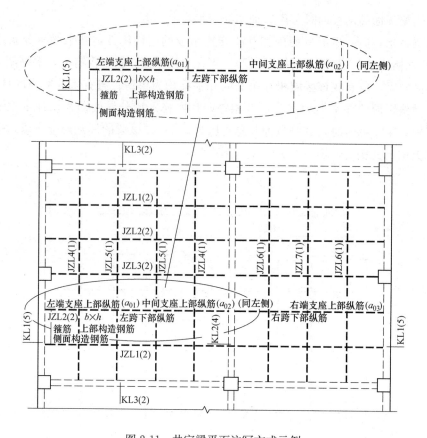

图 2-11　井字梁平面注写方式示例

注：图中仅示意井字梁的注写方法，未注明截面几何尺寸 $b \times h$，支座上部纵筋伸
出长度 $a_{01} \sim a_{03}$，以及纵筋与箍筋的具体数值。

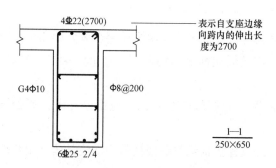

图 2-12　井字梁截面注写方式示例

（9）在梁平法施工图中，当局部梁的布置过密时，可将过密区用虚线框出，适当放大比例后再用平面注写方式表示。

（10）采用平面注写方式表达的梁平法施工图示例，如图 2-13 所示。

3. 截面注写方式

（1）截面注写方式，系在分标准层绘制的梁平面布置图上，分别在不同编号的梁中各选择一根梁用剖面号引出配筋图，并在其上注写截面尺寸和配筋具体数值的方式来表达梁平法施工图。

（2）对所有梁进行编号，从相同编号的梁中选择一根梁，先将"单边截面号"画在该梁上，再将截面配筋详图画在本图或其他图上。当某梁的顶面标高与结构层的楼面标高不同时，尚应继其梁编号后注写梁顶面标高高差（注写规定与平面注写方式相同）。

（3）在截面配筋详图上注写截面尺寸 $b \times h$、上部筋、下部筋、侧面构造筋或受扭筋

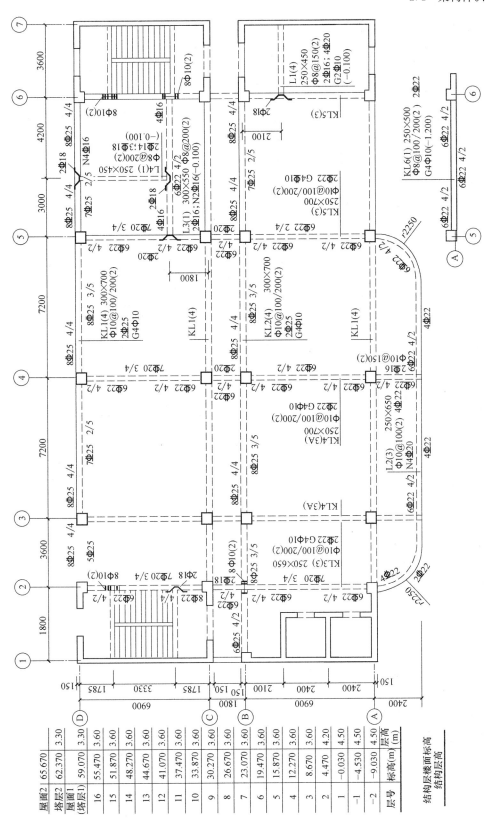

图 2-13 梁平法施工图平面注写方式示例

以及箍筋的具体数值时，其表达形式与平面注写方式相同。

（4）对于框架扁梁尚需在截面详图上注写未穿过柱截面的纵向受力筋根数。对于框架扁梁节点核心区附加钢筋，需采用平、剖面图表达节点核心区附加纵向钢筋、柱外核心区全部竖向拉筋以及端支座附加 U 形箍筋，注写其具体数值。

（5）截面注写方式既可以单独使用，也可与平面注写方式结合使用。

注：在梁平法施工图的平面图中，当局部区域的梁布置过密时，除了采用截面注写方式表达外，也可将加密区用虚线框出，适当放大比例后再用平面注写方式表示。当表达异形截面梁的尺寸与配筋时，用截面注写方式相对比较方便。

（6）应用截面注写方式表达的梁平法施工图示例见图 2-14。

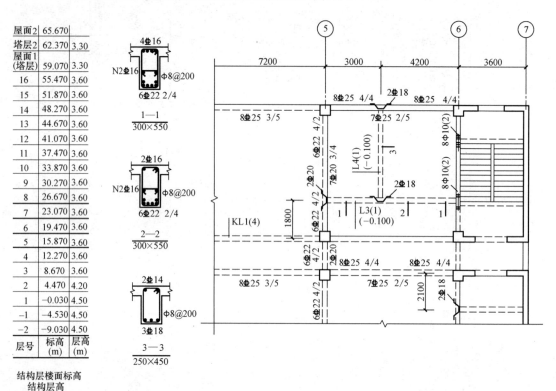

图 2-14　梁平法施工图截面注写方式示例

2.1.2　梁构件平法识图方法

1. 楼层框架梁钢筋构造

（1）楼层框架梁 KL 纵向钢筋构造，可分为四种情况：

1）端支座弯锚。楼层框架梁 KL 支座宽度不够直锚时，采用弯锚，其构造如图 2-15 所示。

① 上部纵筋和下部纵筋都要伸至柱外侧纵筋内侧，弯折 $15d$，锚入柱内的水平段均应 $\geq 0.4l_{abE}$；当柱宽度较大时，上部纵筋和下部直径伸入柱内的直锚长度 $\geq l_{aE}$ 且 ≥ 0.5

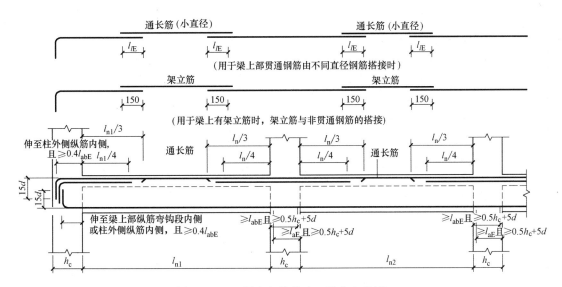

图 2-15　KL 纵向钢筋构造（端支座弯锚）

h_c+d（h_c 为柱截面沿框架方向的高度，d 为钢筋直径）。

② 端支座负筋的延伸长度：

第一排支座负筋从柱边开始延伸至 $l_{n1}/3$ 位置；第二排支座负筋从柱边开始延伸至 $l_{n1}/4$ 位置（l_{n1} 为边跨的净跨长度）。

③ 中间支座负筋的延伸长度：

第一排支座负筋从柱边开始延伸至 $l_n/3$ 位置；第二排支座负筋从柱边开始延伸至 $l_n/4$ 位置（l_n 为支座两边的净跨长度 l_{n1} 和 l_{n2} 的最大值）。

④ 当梁上部贯通钢筋由不同直径搭接时，通长筋与支座负筋的搭接长度为 l_{lE}。

⑤ 当梁上有架立筋时，架立筋与非贯通钢筋搭接，搭接长度为 150。

⑥ 架立筋计算公式：

$$架立筋长度＝梁的净宽度－两端支座负筋的延伸长度＋150×2 \qquad (2-1)$$

$$架立筋长度＝l_n/3＋150×2(等跨时) \qquad (2-2)$$

$$架立筋根数＝箍筋的肢数－上部通长筋的根数 \qquad (2-3)$$

2）端支座直锚。楼层框架梁中，当柱截面沿框架方向的高度，h_c 比较大，即 h_c 减柱保护层 c 大于等于纵向受力钢筋的最小锚固长度时，纵筋在端支座可以采用直锚形式。直锚长度取值应满足条件 $\max(l_{aE}, 0.5h_c+5d)$，如图 2-16 所示。

3）端支座加锚头（锚板）锚固。楼层框架梁中，纵筋在端支座可以采用加锚头/锚板锚固形式。锚头/锚板伸至柱截面外侧纵筋的内侧，且锚入水平长度取值 $\geqslant 0.4l_{abE}$，如图 2-17 所示。

（2）中间层中间节点构造

楼层框架梁 KL 中间层中间节点梁下部钢筋不能在柱内锚固时，可在节点外搭接。相邻跨钢筋直径不同时，搭接位置位于较小直径一跨，如图 2-18 所示。

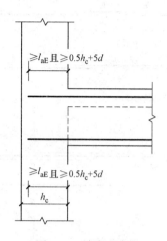

图 2-16　端支座直锚

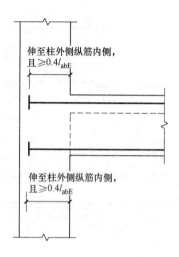

图 2-17　端支座加锚头（锚板）锚固

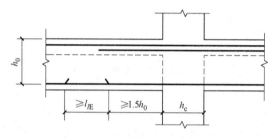

图 2-18　中间层中间节点梁下部筋在节点外搭接构造

（3）中间支座纵向钢筋构造

KL 中间支座纵向钢筋构造，见图 2-19。

1）当 $\Delta_h/(h_c-50)>1/6$ 时，高梁上部纵筋弯锚水平段长度 $\geqslant 0.4l_{abE}$，弯钩长度为 $15d$，低梁下部纵筋直锚长度为 $\geqslant l_{aE}$ 且 $\geqslant 0.5h_c+5d$。梁下部纵筋锚固构造同上部纵筋。

2）当 $\Delta_h/(h_c-50)\leqslant 1/6$ 时，梁上部（下部）纵筋可连续布置（弯曲通过中间节点）。

3）楼层框架梁中间支座两边框架梁宽度不同或错开布置时，无法直通的纵筋弯锚入柱内；或当支座两边纵筋根数不同时，可将多出的纵筋弯锚入柱内。锚固的构造要求：上部纵筋弯锚入柱内，弯折段长度为 $15d$，下部纵筋锚入柱内平直段长度 $\geqslant 0.4l_{abE}$，弯折长度为 $15d$。

（4）箍筋构造

框架梁（KL、WKL）箍筋构造要求，如图 2-20 和图 2-21 所示，主要有以下几点：

1）箍筋加密范围：

梁支座负筋设箍筋加密区：

一级抗震等级：加密区长度为 max（$2h_b$，500）；

二至四级抗震等级：加密区长度为 max（$1.5h_b$，500）。其中，h_b 为梁截面高度。

2）箍筋位置：

框架梁第一道箍筋距离框架柱边缘为 50。注意在梁柱节点内，框架梁的箍筋不设。

3）弧形梁沿梁中心线展开，箍筋间距沿凸面线量度。

4）箍筋复合方式：

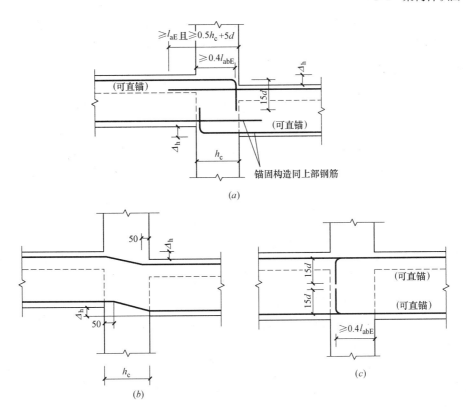

图 2-19 KL 中间支座纵向钢筋构造

(a) $\Delta_h/(h_c-50)>1/6$；(b) $\Delta_h/(h_c-50)\leqslant 1/6$；($c$) 支座两边梁不同

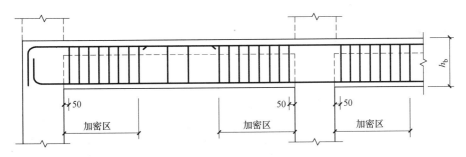

图 2-20 框架梁（KL、WKL）箍筋构造要求（一）

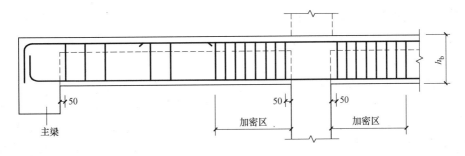

图 2-21 框架梁（KL、WKL）箍筋构造要求（二）

多于两肢箍的复合箍筋应采用外封闭大箍套小箍的复合方式。

（5）侧面纵向构造筋和拉筋

侧面纵向构造筋和拉筋构造，如图 2-22 所示。

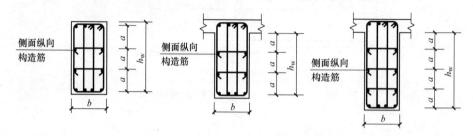

图 2-22　梁侧面纵向构造钢筋和拉筋

1）当梁侧面钢筋为构造钢筋时，其搭接和锚固长度均为 15d，当为受扭钢筋时，其搭接长度为 l_{lE} 或 l_l，锚固长度为 l_{aE} 或 l_a，锚固方式同框架梁下部纵筋。

2）梁侧面纵筋构造钢筋的设置条件：当梁腹板高度≥450mm 时，须设置构造钢筋，纵向构造钢筋间距要求≤200mm。当梁侧面设置受扭钢筋且其间距不大于 200mm 时，则不需重复设置构造钢筋。

3）梁中拉筋直径的确定：梁宽≤350mm 时，拉筋直径为 6mm，梁宽＞350mm 时，拉筋直径为 8mm。拉筋间距的确定：非加密区箍筋间距的 2 倍，当有多排拉筋时，上下两排拉筋竖向错开设置。

拉筋构造，见图 2-23。

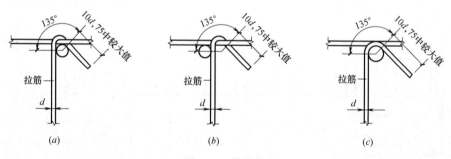

图 2-23　拉筋构造

（a）拉筋同时勾住纵筋和箍筋；（b）拉筋紧靠纵向钢筋并勾住箍筋；（c）拉筋紧靠箍筋并勾住纵筋

拉筋弯钩角度为 135°，弯钩平直段长度为 10d 和 75mm 中的最大值。

2. 屋面框架梁钢筋构造

（1）屋面框架梁 WKL 纵向钢筋构造，如图 2-24 所示。

1）梁上下部通长纵筋的构造：

上部通长纵筋伸至尽端弯折伸至梁底，下部通长纵筋伸至梁上部纵筋弯钩段内侧，弯折 15d，锚入柱内的水平段均应≥$0.4l_{abE}$；当柱宽度较大时，上部纵筋和下部纵筋在中间支座处伸入柱内的直锚长度≥l_{aE} 且≥$0.5h_c+d$（h_c 为柱截面沿框架方向的高度，d 为钢筋直径）。

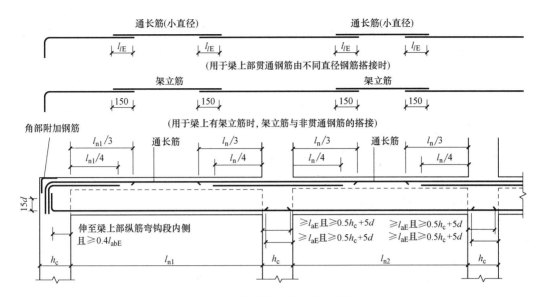

图 2-24 屋面框架梁 WKL 纵向钢筋构造

2）端支座负筋的延伸长度：

第一排支座负筋从柱边开始延伸至 $l_{n1}/3$ 位置；第二排支座负筋从柱边开始延伸至 $l_{n1}/4$ 位置（l_{n1} 为边跨的净跨长度）。

3）中间支座负筋的延伸长度：

第一排支座负筋从柱边开始延伸至 $l_n/3$ 位置；第二排支座负筋从柱边开始延伸至 $l_n/4$ 位置（l_n 为支座两边的净跨长度 l_{n1} 和 l_{n2} 的最大值）。

4）当梁上部贯通钢筋由不同直径搭接时，通长筋与支座负筋的搭接长度为 l_{lE}。

5）当梁上有架立筋时，架立筋与非贯通钢筋搭接，搭接长度为 150mm。

（2）屋面框架梁 WKL 顶层端节点构造，如图 2-25 所示。

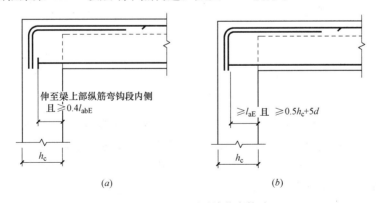

图 2-25 WKL 顶层端节点构造

（a）顶层端节点梁下部钢筋端头加锚头（锚板）锚固；（b）顶层端支座梁下部钢筋直锚

（3）屋面框架梁 WKL 顶层中间节点构造，如图 2-26 所示。

梁下部钢筋不能在柱内锚固时，可在节点外搭接。相邻跨钢筋直径不同时，搭接位置

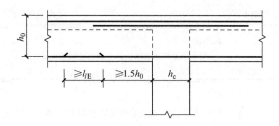

图 2-26 顶层中间节点梁下部筋在节点外搭接构造

位于较小直径一跨。

(4) 屋面框架梁 WKL 中间支座纵向钢筋构造，如图 2-27 所示。

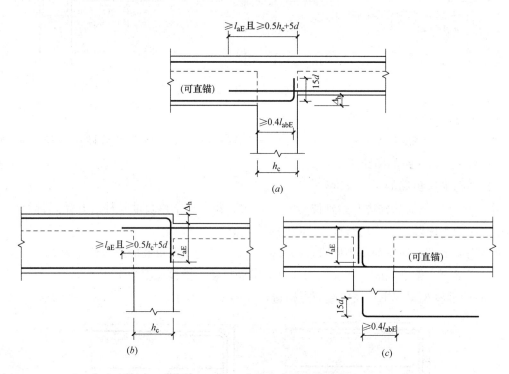

图 2-27 WKL 中间支座纵向钢筋构造

(a) 梁顶一平；(b) 梁底一平；(c) 支座两边梁宽不同

1) 如图 2-27 (a) 所示，支座上部纵筋贯通布置，梁截面高度大的梁下部纵筋锚固同端支座锚固构造要求相同，梁截面小的梁下部纵筋锚固同中间支座锚固构造要求相同。

2) 如图 2-27 (b) 所示，弯折后的竖直段长度 l_{aE} 是从截面高度小的梁顶面算起；梁截面高度小的支座上部纵筋锚固要求为伸入支座锚固长度为 l_{aE} 且 $\geqslant 0.5h_c + 5d$；下部纵筋的锚固措施同梁高度不变时相同。

3) 如图 2-27 (c) 所示，屋面框架梁中间支座两边框架梁宽度不同或错开布置时，无法直通的纵筋弯锚入柱内；或当支座两边纵筋根数不同时，可将多出的纵筋弯锚入柱内。锚固的构造要求：上部纵筋弯锚入柱内，弯折段长度为 l_{aE}，下部纵筋锚入柱内平直段长度$\geqslant 0.4 l_{abE}$，弯折长度为$15d$。

3. 框架梁、非框架梁钢筋构造

（1）框架梁加腋构造

框架梁加腋构造可分为水平加腋和竖向加腋两种构造。

1）框架梁水平加腋构造见图 2-28。

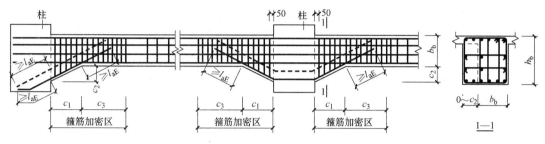

图 2-28　框架梁水平加腋构造

图中，当梁结构平法施工图中，水平加腋部位的配筋设计未给出时，其梁腋上下部斜纵筋（仅设置第一排）直径分别同梁内上下纵筋，水平间距不宜大于 200mm；水平加腋部位侧面纵向构造钢筋的设置及构造要求同抗震楼层框架梁的要求。

图中 c_3 按下列规定取值：

① 抗震等级为一级：$\geqslant 2.0 h_b$ 且$\geqslant 500mm$；

② 抗震等级为二～四级：$\geqslant 1.5 h_b$ 且$\geqslant 500mm$。

2）框架梁竖向加腋构造见图 2-29。

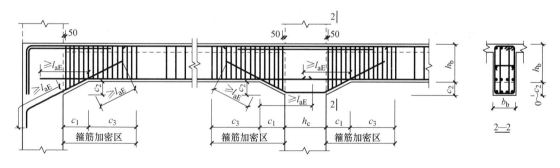

图 2-29　框架梁竖向加腋构造

框架梁竖向加腋构造适用于加腋部分，参与框架梁计算，配筋由设计标注。图中 c_3 的取值同水平加腋构造。

（2）非框架梁 L 配筋构造

非框架梁 L 配筋构造，见图 2-30。

1）非框架梁上部纵筋的延伸长度

① 非框架梁端支座上部纵筋的延伸长度

设计按铰接时，取 $l_{n1}/5$；充分利用钢筋的抗拉强度时，取 $l_{n1}/3$。其中，"设计按铰接

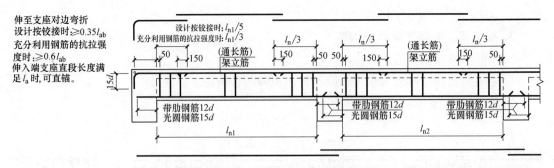

图 2-30 非框架梁 L 配筋构造

时"用于代号为 L 的非框架梁,"充分利用钢筋的抗拉强度时"用于代号为 Lg 的非框架梁。

② 非框架梁中间支座上部纵筋延伸长度

非框架梁中间支座上部纵筋延伸长度取 $l_n/3$(l_n 为相邻左右两跨中跨度较大一跨的净跨值)。

2) 非框架梁纵向钢筋的锚固

① 非框架梁上部纵筋在端支座的锚固。非框架梁端支座上部纵筋弯锚,弯折段竖向长度为 15d,而弯锚水平段长度为:伸至支座对边弯折,设计按铰接时,取 $\geqslant 0.35l_{ab}$,充分利用钢筋的抗拉强度时,取 $\geqslant 0.6l_{ab}$;伸入端支座直段长度满足 l_a 时,可直锚,如图 2-31 所示。

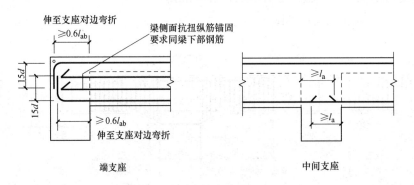

图 2-31 受扭非框架梁纵筋构造

② 下部纵筋在端支座的锚固。当梁中纵筋采用带肋钢筋时,梁下部钢筋的直锚长度为 12d;当梁中纵筋采用光圆钢筋时,梁下部钢筋的直锚长度为 15d;当下部纵筋伸入边支座长度不满足直锚 12d(15d)时,如图 2-32 所示。

③ 下部纵筋在中间支座的锚固。当梁中纵筋采用带肋钢筋时,梁下部钢筋的直锚长度为 12d;当梁中纵筋采用光圆钢筋时,梁下部钢筋的直锚长度为 15d。

3) 非框架梁纵向钢筋的连接

从图 2-30 中可以看出,非框架梁的架立筋搭接长度为 150mm。

4) 非框架梁的箍筋

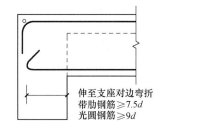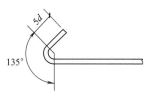

图 2-32　端支座非框架梁下部纵筋弯锚构造

非框架梁箍筋构造要点主要包括以下几点：

① 没有作为抗震构造要求的箍筋加密区。

② 第一个箍筋在距支座边缘 50 处开始设置。

③ 弧形非框架梁的箍筋间距沿凸面线度量。

④ 当箍筋为多肢复合箍时，应采用大箍套小箍的形式。

当端支座为柱、剪力墙（平面内连接时），梁端部应设置箍筋加密区，设计应确定加密区长度。设计未确定时取消该工程框架梁加密区长度。梁端与柱斜交，或与圆柱相交时的箍筋起始位置，见图 2-33。

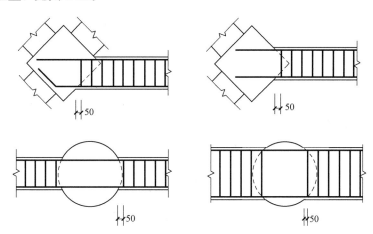

图 2-33　梁端与柱斜交，或与圆柱相交时的箍筋起始位置

5）非框架梁中间支座变截面处纵向钢筋构造

① 梁顶梁底均不平。高梁上部纵筋弯锚，弯折段长度为 l_a，弯钩段长度从低梁顶部算起，低梁下部纵筋直锚长度为 l_a。梁下部纵筋锚固构造同上部纵筋，如图 2-34 所示。

② 支座两边梁宽不同。非框架梁中间支座两边框架梁宽度不同或错开布置时，无

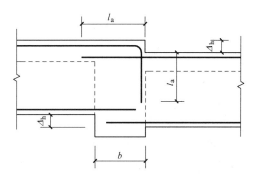

图 2-34　梁顶梁底均不平

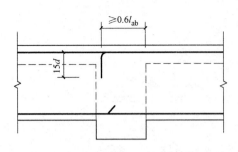

图 2-35 非框架梁梁宽度不同示意图

法直通的纵筋弯锚入柱内；或当支座两边纵筋根数不同时，可将多出的纵筋弯锚入柱内。锚固的构造要求：上部纵筋弯锚入柱内，弯折竖向长度为 $15d$，弯折水平段长度 $\geq 0.6l_{ab}$，如图 2-35 所示。

4. 悬挑梁的构造

（1）纯悬挑梁钢筋构造要求

纯悬挑梁钢筋构造如图 2-36 所示。

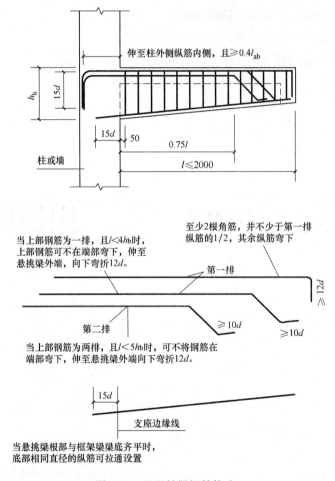

图 2-36 纯悬挑梁钢筋构造

其构造要求为：

1）上部纵筋构造

① 第一排上部纵筋，"至少 2 根角筋，并不少于第一排纵筋的 1/2"的上部纵筋一直伸到悬挑梁端部，再拐直角弯直伸到梁底，"其余纵筋弯下"（即钢筋在端部附近下完 90°斜坡）。当上部钢筋为一排，且 $l < 4h_b$ 时，上部钢筋可不在端部弯下，伸至悬挑梁外端，

向下弯折12d。

② 第二排上部纵筋伸至悬挑端长度的0.75处,弯折到梁下部,再向梁尽端弯折≥10d。当上部钢筋为两排,且$l<5h_b$时,可不将钢筋在端部弯下,伸至悬挑梁外端向下弯折12d。

2)下部纵筋构造

下部纵筋在制作中的锚固长度为15d。当悬挑梁根部与框架梁梁底齐平时,底部相同直径的纵筋可拉通设置。

(2)其他各类悬挑端配筋构造

1)楼层框架梁悬挑端构造如图2-37所示。

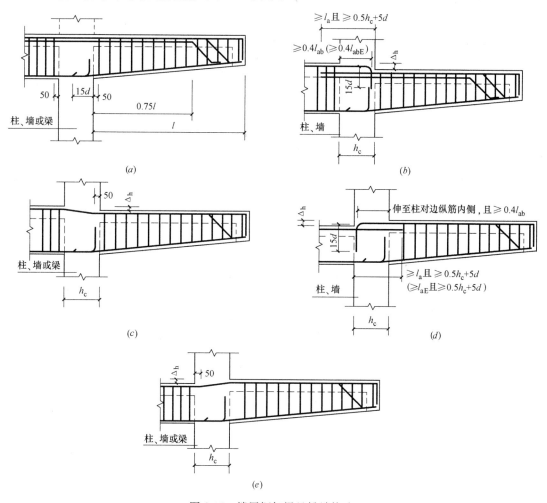

图2-37 楼层框架梁悬挑端构造
(a)节点①;(b)节点②;(c)节点③;(d)节点④;(e)节点⑤

楼层框架梁悬挑端共给出了5种构造做法:

节点①:悬挑端有框架梁平伸出,上部第二排纵筋在伸出0.75l之后,弯折到梁下部,再向梁尽端弯出≥10d。下部纵筋直锚长度15d。

节点②：当悬挑端比框架梁低 $\Delta_h[\Delta_h/(h_c-50)>1/6]$ 时，仅用于中间层；框架梁弯锚水平段长度 $\geqslant 0.4l_{ab}$（$0.4l_{abE}$），弯钩 $15d$；悬挑端上部纵筋直锚长度 $\geqslant l_a$ 且 $\geqslant 0.5h_c+5d$。

节点③：当悬挑端比框架梁低 $\Delta_h[\Delta_h/(h_c-50)\leqslant1/6]$ 时，上部纵筋连续布置，用于中间层，当支座为梁时也可用于屋面。

节点④：当悬挑端比框架梁低 $\Delta_h[\Delta_h/(h_c-50)>1/6]$ 时，仅用于中间层；悬挑端上部纵筋弯锚，弯锚水平段伸至对边纵筋内侧，且 $\geqslant 0.4l_{ab}$，弯钩 $15d$；框架梁上部纵筋直锚长度 $\geqslant l_a$ 且 $\geqslant 0.5h_c+5d$（l_{aE} 且 $\geqslant 0.5h_c+5d$）。

节点⑤：当悬挑端比框架梁高 $\Delta_h[\Delta_h/(h_c-50)\leqslant1/6]$ 时，上部纵筋连续布置，用于中间层，当支座为梁时也可用于屋面。

2）屋面框架梁悬挑端构造如图 2-38 所示。

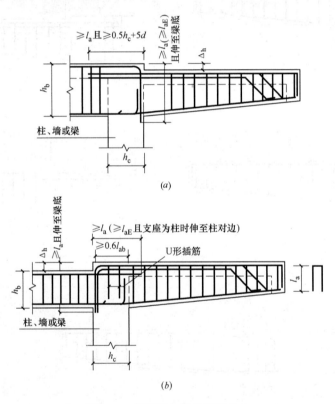

图 2-38　屋面框架梁悬挑端构造
(a) 节点⑥；(b) 节点⑦

屋面框架梁悬挑端共给出了 2 种构造做法：

节点⑥：当悬挑端比框架梁低 $\Delta_h(\Delta_h\leqslant h_b/3)$ 时，框架梁上部纵筋弯锚，直钩长度 $\geqslant l_a$（l_{aE}）且伸至梁底，悬挑端上部纵筋直锚长度 $\geqslant l_a$ 且 $\geqslant 0.5h_c+5d$，可用于屋面，当支座为梁时，也可用于中间层。

节点⑦：当悬挑端比框架梁高 $\Delta_h(\Delta_h\leqslant h_b/3)$ 时，框架梁上部纵筋直锚长度 $\geqslant l_a$（l_{aE}

且支座为柱时伸至柱对边），悬挑端上部纵筋弯锚，弯锚水平段长度≥$0.6l_{ab}$，直钩长度≥l_a且伸至梁底，可用于屋面，当支座为梁时，也可用于中间层。

5. 框架扁梁节点构造

（1）框架扁梁中柱节点构造如图 2-39 所示。

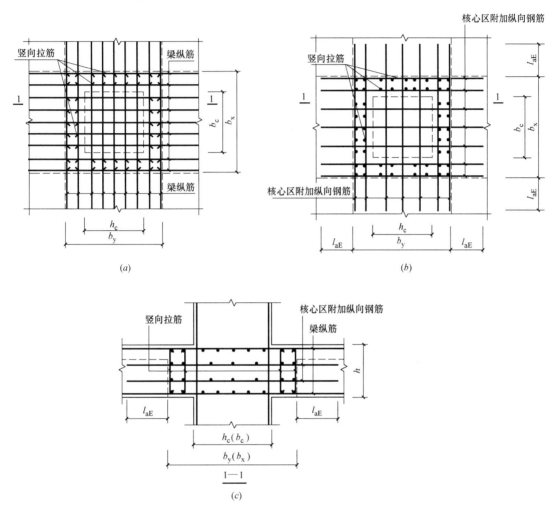

图 2-39　框架扁梁中柱节点构造

（a）框架扁梁中柱节点竖向拉筋；（b）框架扁梁中柱节点附加纵向钢筋

1）框架扁梁上部通长钢筋连接位置、非贯通钢筋伸出长度要求同框架梁。

2）穿过柱截面的框架扁梁下部纵筋，可在柱内锚固；未穿过柱截面下部纵筋应贯通节点区。

3）框架扁梁下部纵筋在节点外连接时，连接位置宜避开箍筋加密区，并宜位于支座$l_{ni}/3$范围之内。

4）箍筋加密区要求见图 2-40。

5）竖向拉筋同时勾住扁梁上下双向纵筋，拉筋末端采用135°弯钩，平直段长度为$10d$。

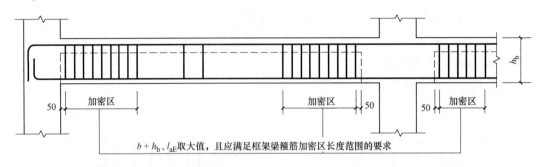

图 2-40 框架扁梁箍筋构造

（2）框架扁梁边柱节点构造如图 2-41 所示。

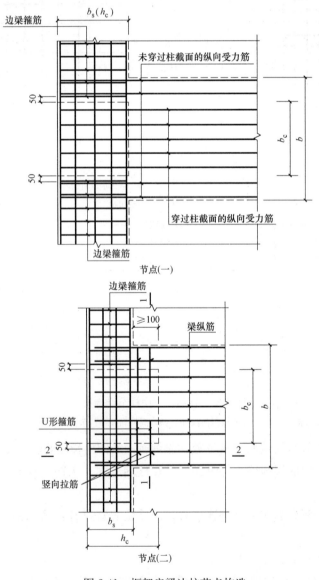

图 2-41 框架扁梁边柱节点构造

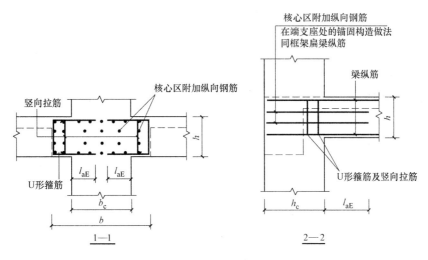

图 2-41 框架扁梁边柱节点构造（续）

1）穿过柱截面框架扁梁纵向受力钢筋锚固做法同框架梁。未穿过柱截面框架扁梁纵向受力钢筋锚固做法如图 2-42 所示。

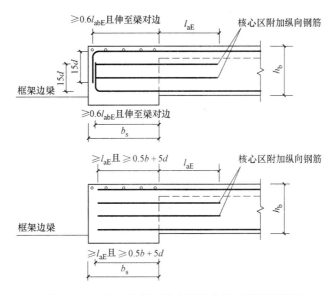

图 2-42 未穿过柱截面的扁梁纵向受力筋锚固做法

2）框架扁梁上部通长钢筋连接位置、非贯通钢筋伸出长度要求同框架梁。

3）框架扁梁下部纵筋在节点外连接时，连接位置宜避开箍筋加密区，并宜位于支座 $l_{ni}/3$ 范围之内。

4）节点核心区附加纵向钢筋在柱及边梁中锚固同框架扁梁纵向受力钢筋，如图 2-43 所示。

5）当 $h_c - b_s \geqslant 100$ 时，需设置 U 形箍筋及竖向拉筋。

6）竖向拉筋同时勾住扁梁上下双向纵筋，拉筋末端采用 135°弯钩，平直段长度为 10d。

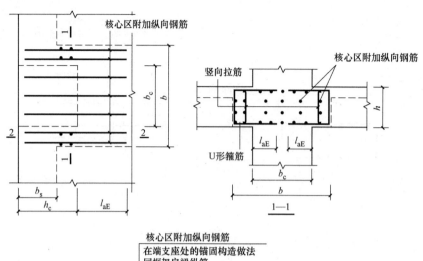

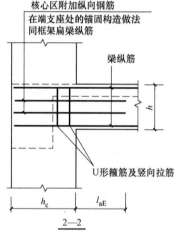

图 2-43　框架扁梁附加纵向钢筋

6. 框支梁、转换柱配筋构造

（1）框支梁的配筋构造，如图 2-44 所示。

1）框支梁第一排上部纵筋为通长筋。第二排上部纵筋在端支座附近断在 $l_{n1}/3$ 处，在中间支座附近断在 $l_n/3$ 处（l_{n1} 为本跨的跨度值；l_n 为相邻两跨的较大跨度值）。

2）框支梁上部纵筋伸入支座对边之后向下弯锚，通过梁底线后再下插 l_{aE}，其直锚水平段≥$0.4l_{abE}$。

3）框支梁侧面纵筋是全梁贯通，在梁端部直锚长度≥$0.4l_{abE}$，弯折长度 15d。

4）框支梁下部纵筋在梁端部直锚长度≥$0.4l_{abE}$，且向上弯折 15d。

5）当框支梁的下部纵筋和侧面纵筋直锚长度≥l_{aE} 时，可不必向上或水平弯锚。

6）框支梁箍筋加密区长度为≥$0.2l_{n1}$ 且≥$1.5h_b$（h_b 为梁截面的高度）。

7）框支梁拉筋直径不宜小于箍筋，水平间距为非加密区箍筋间距的 2 倍，竖向沿梁高间距≤200，上下相邻两排拉筋错开设置。

8）梁纵向钢筋的连接宜采用机械连接接头。

9）框支梁上部墙体开洞部位加强做法如图 2-45 所示。

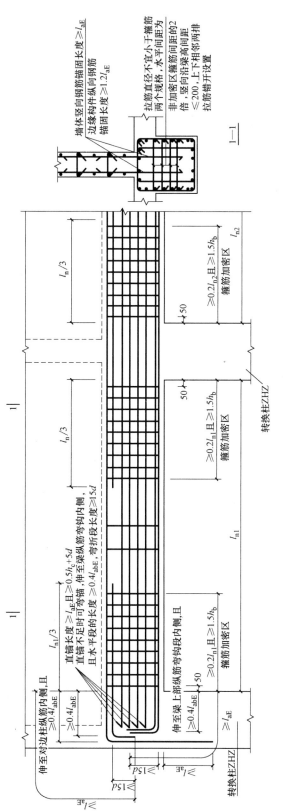

图 2-44 框支梁 KZL（也可用于托柱转换梁 TZL）

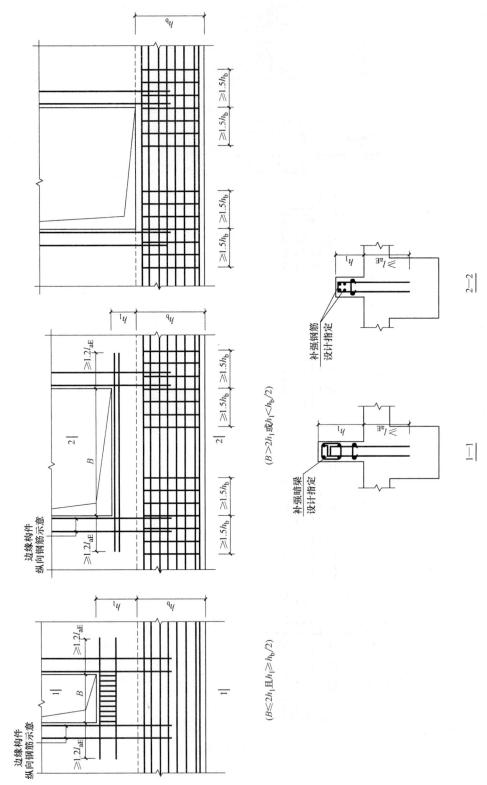

图 2-45 框支梁 KZL 上部墙体开洞部位加强做法

10）托柱转换梁托柱位置箍筋加密构造如图 2-46 所示。

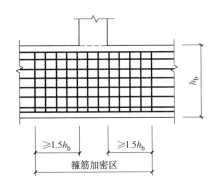

图 2-46 托柱转换梁 TZL 托柱位置箍筋加密构造

（2）转换柱的配筋构造，如图 2-47 所示。

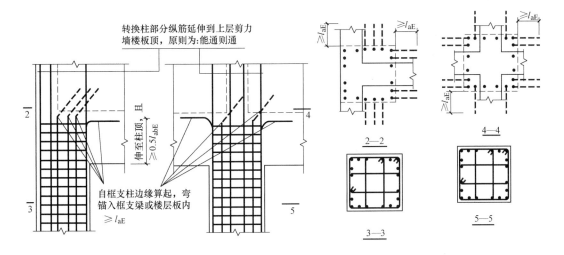

图 2-47 转换柱 ZHZ 配筋构造

1）转换柱的柱底纵筋的连接构造同抗震框架柱。

2）柱纵筋的连接宜采用机械连接接头。

3）转换柱部分纵筋延伸到上层剪力墙楼板顶，原则为：能同则通。

4）转换柱纵筋中心距不应小于 80mm，且净距不应小于 50mm。

7. 井字梁配筋构造

井字梁配筋构造，如图 2-48 所示。

（1）上部纵筋锚入端支座的水平段长度：当设计按铰接时，长度≥$0.35l_{ab}$；当充分利用钢筋的抗拉强度时，长度≥$0.6l_{ab}$，弯锚 $15d$。

（2）架立筋与支座负筋的搭接长度为 150。

（3）下部纵筋在端支座直锚 $12d$，在中间支座直锚 $12d$。

（4）从距支座边缘 50 处开始布置第一个箍筋。

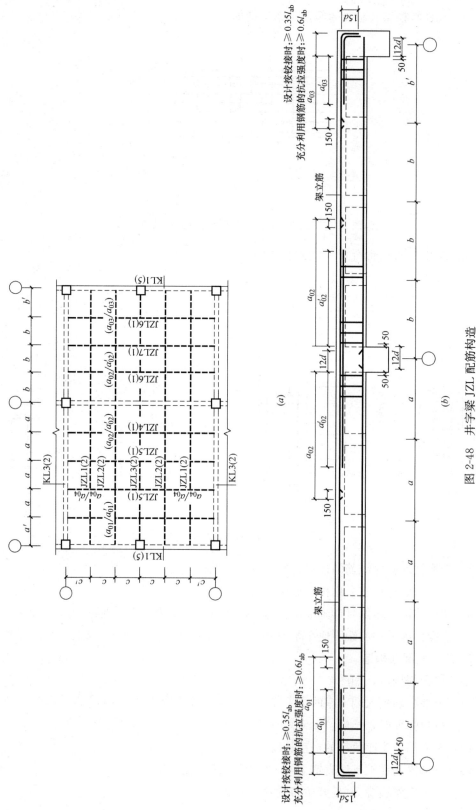

图 2-48 井字梁 JZL 配筋构造

(a) 平面布置图; (b) JZL2 (2) 配筋构造

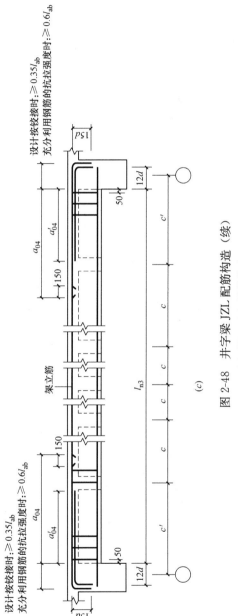

图 2-48 井字梁 JZL 配筋构造（续）

(c) JZL5（1）配筋构造

2.2 梁钢筋下料计算

2.2.1 贯通筋下料

贯通筋的加工尺寸，分为三段，如图 2-49 所示。

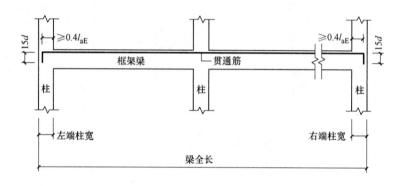

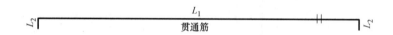

图 2-49　贯通筋的加工尺寸

图中"$\geqslant 0.4 l_{aE}$"，表示一、二、三、四级抗震等级钢筋，进入柱中，水平方向的锚固长度值。"$15d$"，表示在柱中竖向的锚固长度值。

在标注贯通筋加工尺寸时，不要忘记它是标注的外皮尺寸。这时，在求下料长度时，需要减去由于有两个直角钩，而发生的外皮差值。

在框架结构的构件中，纵向受力钢筋的直角弯曲半径，单独有规定。常用的钢筋，有 HRB335 级和 HRB400 级钢筋；常用的混凝土，有 C30、C35 和大于 C40 的几种。另外，还要考虑结构的抗震等级等因素。

综合上述各种因素，为了计算方便，用表的形式，把计算公式列入其中。见表 2-2～表 2-7。

HRB335 级钢筋 C30 混凝土框架梁贯通筋计算表（mm）　　　　表 2-2

抗震等级	l_{aE}	直径	L_1	L_2	下料长度
一级抗震	$33d$		梁全长－左端柱宽－右端柱宽＋$2\times13.2d$		
二级抗震	$33d$	$d\leqslant25$	梁全长－左端柱宽－右端柱宽＋$2\times13.2d$	$15d$	$L_1+2\times L_2-2\times$外皮差值
三级抗震	$30d$		梁全长－左端柱宽－右端柱宽＋$2\times12d$		
四级抗震	$29d$		梁全长－左端柱宽－右端柱宽＋$2\times11.6d$		

HRB335 级钢筋 C35 混凝土框架梁贯通筋计算表（mm）　　　　　表 2-3

抗震等级	l_{aE}	直径	L_1	L_2	下料长度
一级抗震	31d		梁全长－左端柱宽－右端柱宽＋2×12.4d		
二级抗震	31d	$d \leqslant 25$	梁全长－左端柱宽－右端柱宽＋2×12.4d	15d	$L_1 + 2 \times L_2 - 2 \times$ 外皮差值
三级抗震	28d		梁全长－左端柱宽－右端柱宽＋2×11.2d		
四级抗震	27d		梁全长－左端柱宽－右端柱宽＋2×10.8d		

HRB335 级钢筋 ≥C40 混凝土框架梁贯通筋计算表（mm）　　　　　表 2-4

抗震等级	l_{aE}	直径	L_1	L_2	下料长度
一级抗震	29d		梁全长－左端柱宽－右端柱宽＋2×11.6d		
二级抗震	29d	$d \leqslant 25$	梁全长－左端柱宽－右端柱宽＋2×11.6d	15d	$L_1 + 2 \times L_2 - 2 \times$ 外皮差值
三级抗震	26d		梁全长－左端柱宽－右端柱宽＋2×10.4d		
四级抗震	25d		梁全长－左端柱宽－右端柱宽＋2×10d		

HRB400 级钢筋 C30 混凝土框架梁贯通筋计算表（mm）　　　　　表 2-5

抗震等级	l_{aE}	直径	L_1	L_2	下料长度
一级抗震	40d	$d \leqslant 25$	梁全长－左端柱宽－右端柱宽＋2×16d		
	45d	$d > 25$	梁全长－左端柱宽－右端柱宽＋2×18d		
二级抗震	40d	$d \leqslant 25$	梁全长－左端柱宽－右端柱宽＋2×16d		
	45d	$d > 25$	梁全长－左端柱宽－右端柱宽＋2×18d	15d	$L_1 + 2 \times L_2 - 2 \times$ 外皮差值
三级抗震	37d	$d \leqslant 25$	梁全长－左端柱宽－右端柱宽＋2×14.8d		
	41d	$d > 25$	梁全长－左端柱宽－右端柱宽＋2×16.4d		
四级抗震	35d	$d \leqslant 25$	梁全长－左端柱宽－右端柱宽＋2×14d		
	39d	$d > 25$	梁全长－左端柱宽－右端柱宽＋2×15.6d		

HRB400 级钢筋 C35 混凝土框架梁贯通筋计算表（mm）　　　　　表 2-6

抗震等级	l_{aE}	直径	L_1	L_2	下料长度
一级抗震	37d	$d \leqslant 25$	梁全长－左端柱宽－右端柱宽＋2×14.8d		
	40d	$d > 25$	梁全长－左端柱宽－右端柱宽＋2×16d		
二级抗震	37d	$d \leqslant 25$	梁全长－左端柱宽－右端柱宽＋2×14.8d		
	40d	$d > 25$	梁全长－左端柱宽－右端柱宽＋2×16d	15d	$L_1 + 2 \times L_2 - 2 \times$ 外皮差值
三级抗震	34d	$d \leqslant 25$	梁全长－左端柱宽－右端柱宽＋2×13.6d		
	37d	$d > 25$	梁全长－左端柱宽－右端柱宽＋2×14.8d		
四级抗震	32d	$d \leqslant 25$	梁全长－左端柱宽－右端柱宽＋2×12.8d		
	35d	$d > 25$	梁全长－左端柱宽－右端柱宽＋2×14d		

HRB400 级钢筋≥C40 混凝土框架梁贯通筋计算表 (mm) 表 2-7

抗震等级	l_{aE}	直径	L_1	L_2	下料长度
一级抗震	$33d$	$d \leq 25$	梁全长-左端柱宽-右端柱宽+2×13.2d	$15d$	$L_1 + 2 \times L_2 - 2 \times$外皮差值
	$37d$	$d > 25$	梁全长-左端柱宽-右端柱宽+2×14.8d		
二级抗震	$33d$	$d \leq 25$	梁全长-左端柱宽-右端柱宽+2×13.2d		
	$37d$	$d > 25$	梁全长-左端柱宽-右端柱宽+2×14.8d		
三级抗震	$30d$	$d \leq 25$	梁全长-左端柱宽-右端柱宽+2×12d		
	$34d$	$d > 25$	梁全长-左端柱宽-右端柱宽+2×13.6d		
四级抗震	$29d$	$d \leq 25$	梁全长-左端柱宽-右端柱宽+2×11.6d		
	$32d$	$d > 25$	梁全长-左端柱宽-右端柱宽+2×12.8d		

2.2.2 边跨上部直角筋下料

1. 边跨上部一排直角筋的下料尺寸计算

结合图 2-50 及图 2-51 可知，这是梁与边柱接交处，放置在梁的上部，承受负弯矩的直角形钢筋。钢筋的 L_1 部分，是由两部分组成：即由三分之一边净跨长度，加上 $0.4l_{aE}$。计算时参照表 2-8～表 2-13 进行。

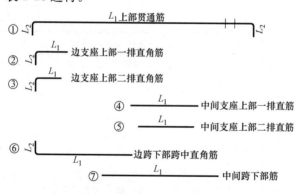

图 2-50 边跨下部直角筋的示意图

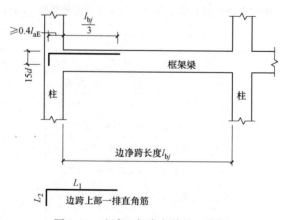

图 2-51 边跨上部直角筋的示意图

HRB335 级钢筋 C30 混凝土框架梁边跨上部一排直角筋计算表（mm）　　表 2-8

抗震等级	l_{aE}	直径	L_1	L_2	下料长度
一级抗震	33d		边净跨长度/3+13.2d		
二级抗震	33d	$d \leqslant 25$	边净跨长度/3+13.2d	15d	L_1+L_2-外皮差值
三级抗震	30d		边净跨长度/3+12d		
四级抗震	29d		边净跨长度/3+11.6d		

HRB335 级钢筋 C35 混凝土框架梁边跨上部一排直角筋计算表（mm）　　表 2-9

抗震等级	l_{aE}	直径	L_1	L_2	下料长度
一级抗震	31d		边净跨长度/3+12.4d		
二级抗震	31d	$d \leqslant 25$	边净跨长度/3+12.4d	15d	L_1+L_2-外皮差值
三级抗震	28d		边净跨长度/3+11.2d		
四级抗震	27d		边净跨长度/3+10.8d		

HRB335 级钢筋 ≥C40 混凝土框架梁边跨上部一排直角筋计算表（mm）　　表 2-10

抗震等级	l_{aE}	直径	L_1	L_2	下料长度
一级抗震	29d		边净跨长度/3+11.6d		
二级抗震	29d	$d \leqslant 25$	边净跨长度/3+11.6d	15d	L_1+L_2-外皮差值
三级抗震	26d		边净跨长度/3+10.4d		
四级抗震	25d		边净跨长度/3+10d		

HRB400 级钢筋 C30 混凝土框架梁边跨上部一排直角筋计算表（mm）　　表 2-11

抗震等级	l_{aE}	直径	L_1	L_2	下料长度
一级抗震	40d	$d \leqslant 25$	边净跨长度/3+16d		
	45d	$d > 25$	边净跨长度/3+18d		
二级抗震	40d	$d \leqslant 25$	边净跨长度/3+16d		
	45d	$d > 25$	边净跨长度/3+18d	15d	L_1+L_2-外皮差值
三级抗震	37d	$d \leqslant 25$	边净跨长度/3+14.8d		
	41d	$d > 25$	边净跨长度/3+16.4d		
四级抗震	35d	$d \leqslant 25$	边净跨长度/3+14d		
	39d	$d > 25$	边净跨长度/3+15.6d		

HRB400 级钢筋 C35 混凝土框架梁边跨上部一排直角筋计算表（mm）　　表 2-12

抗震等级	l_{aE}	直径	L_1	L_2	下料长度
一级抗震	37d	$d \leqslant 25$	边净跨长度/3+14.8d		
	40d	$d > 25$	边净跨长度/3+16d		
二级抗震	37d	$d \leqslant 25$	边净跨长度/3+14.8d		
	40d	$d > 25$	边净跨长度/3+16d	15d	L_1+L_2-外皮差值
三级抗震	34d	$d \leqslant 25$	边净跨长度/3+13.6d		
	37d	$d > 25$	边净跨长度/3+14.8d		
四级抗震	32d	$d \leqslant 25$	边净跨长度/3+12.8d		
	35d	$d > 25$	边净跨长度/3+14d		

HRB400 级钢筋≥C40 混凝土框架梁边跨上部一排直角筋计算表（mm）　　表 2-13

抗震等级	l_{aE}	直径	L_1	L_2	下料长度
一级抗震	33d	d≤25	边净跨长度/3+13.2d	15d	L_1+L_2-外皮差值
	37d	d>25	边净跨长度/3+14.8d		
二级抗震	33d	d≤25	边净跨长度/3+13.2d		
	37d	d>25	边净跨长度/3+14.8d		
三级抗震	30d	d≤25	边净跨长度/3+12d		
	34d	d>25	边净跨长度/3+13.6d		
四级抗震	29d	d≤25	边净跨长度/3+11.6d		
	32d	d>25	边净跨长度/3+12.8d		

2. 边跨上部二排直角筋的下料尺寸计算

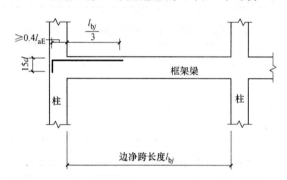

边跨上部二排直角筋

图 2-52　边跨上部二排直角筋的示意图

边跨上部二排直角筋的下料尺寸和边跨上部一排直角筋的下料尺寸的计算方法，基本相同。仅差在 L_1 中前者是四分之一边净跨度，而后者是三分之一边净跨度。参看图 2-52。

计算方法与前面的类似，这里计算步骤就省略了。

2.2.3　中间支座上部直筋下料

1. 中间支座上部一排直筋的下料尺寸计算

图 2-53 所示为中间支座上部一排直筋的示意图，此类直筋的下料尺寸只需取其左、右两净跨长度大者的三分之一再乘以 2，而后加入中间柱宽即可。

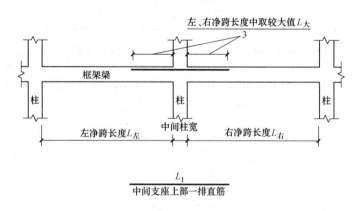

L_1
中间支座上部一排直筋

图 2-53　中间支座上部一排直筋的示意图

设：左净跨长度＝$L_{左}$；

右净跨长度＝$L_{右}$；

左、右净跨长度中取较大值＝$L_{大}$。则有：

$$L_1 = 2 \times L_{大}/3 + 中间柱宽 \tag{2-4}$$

2. 中间支座上部二排直筋的下料尺寸

如图 2-54 所示，中间支座上部二排直筋的下料尺寸计算与一排直筋基本相同，只是取左、右两跨长度大的四分之一进行计算。

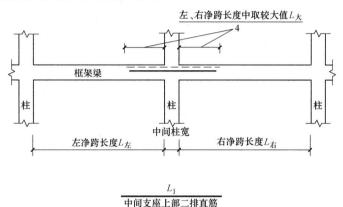

图 2-54 中间支座上部二排直筋的示意图

设：左净跨长度＝$L_{左}$；

右净跨长度＝$L_{右}$；

左、右净跨长度中取较大值＝$L_{大}$。则有：

$$L_1 = 2 \times L_{大}/4 + 中间柱宽 \tag{2-5}$$

2.2.4 边跨下部跨中直角筋下料

如图 2-55 所示，L_1 是由三部分组成，即锚入边柱部分、锚入中柱部分、边净跨度部分。

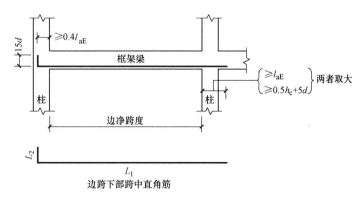

图 2-55 边跨下部跨中直角筋详图

$$下料长度＝L_1＋L_2－外皮差值 \tag{2-6}$$

具体计算见表 2-14～表 2-19。在表 2-14～表 2-19 的附注中，提及的 h_c，系指框架方向柱宽。

HRB335 级钢筋 C30 混凝土框架梁边跨下部跨中直角筋计算表（mm）　　　表 2-14

抗震等级	l_{aE}	直径	L_1	L_2	下料长度
一级抗震	33d		13.2d＋边净跨度＋锚固值		
二级抗震	33d	$d\leqslant25$	13.2d＋边净跨度＋锚固值	15d	$L_1＋L_2－$外皮差值
三级抗震	30d		12d＋边净跨度＋锚固值		
四级抗震	29d		11.6d＋边净跨度＋锚固值		

注：l_{aE} 与 $0.5h_c＋5d$，两者取大，令其等于"锚固值"；外皮差值查表 1-6。

HRB335 级钢筋 C35 混凝土框架梁边跨下部跨中直角筋计算表（mm）　　　表 2-15

抗震等级	l_{aE}	直径	L_1	L_2	下料长度
一级抗震	31d		12.4d＋边净跨度＋锚固值		
二级抗震	31d	$d\leqslant25$	12.4d＋边净跨度＋锚固值	15d	$L_1＋L_2－$外皮差值
三级抗震	28d		11.2d＋边净跨度＋锚固值		
四级抗震	27d		10.8d＋边净跨度＋锚固值		

注：l_{aE} 与 $0.5h_c＋5d$，两者取大，令其等于"锚固值"；外皮差值查表 1-6。

HRB335 级钢筋 ≥C40 混凝土框架梁边跨下部跨中直角筋计算表（mm）　　　表 2-16

抗震等级	l_{aE}	直径	L_1	L_2	下料长度
一级抗震	29d		11.6d＋边净跨度＋锚固值		
二级抗震	29d	$d\leqslant25$	11.6d＋边净跨度＋锚固值	15d	$L_1＋L_2－$外皮差值
三级抗震	26d		10.4d＋边净跨度＋锚固值		
四级抗震	25d		10d＋边净跨度＋锚固值		

注：l_{aE} 与 $0.5h_c＋5d$，两者取大，令其等于"锚固值"；外皮差值查表 1-6。

HRB400 级钢筋 C30 混凝土框架梁边跨下部跨中直角筋计算表（mm）　　　表 2-17

抗震等级	l_{aE}	直径	L_1	L_2	下料长度
一级抗震	40d	$d\leqslant25$	16d＋边净跨度＋锚固值		
	45d	$d＞25$	18d＋边净跨度＋锚固值		
二级抗震	40d	$d\leqslant25$	16d＋边净跨度＋锚固值		
	45d	$d＞25$	18d＋边净跨度＋锚固值	15d	$L_1＋L_2－$外皮差值
三级抗震	37d	$d\leqslant25$	14.8d＋边净跨度＋锚固值		
	41d	$d＞25$	16.4d＋边净跨度＋锚固值		
四级抗震	35d	$d\leqslant25$	14d＋边净跨度＋锚固值		
	39d	$d＞25$	15.6d＋边净跨度＋锚固值		

注：l_{aE} 与 $0.5h_c＋5d$，两者取大，令其等于"锚固值"；外皮差值查表 1-6。

HRB400 级钢筋 C35 混凝土框架梁边跨下部跨中直角筋计算表（mm）　　表 2-18

抗震等级	l_{aE}	直径	L_1	L_2	下料长度
一级抗震	37d	d≤25	14.8d＋边净跨度＋锚固值		
	40d	d＞25	16d＋边净跨度＋锚固值		
二级抗震	37d	d≤25	14.8d＋边净跨度＋锚固值		
	40d	d＞25	16d＋边净跨度＋锚固值	15d	L_1+L_2－外皮差值
三级抗震	34d	d≤25	13.6d＋边净跨度＋锚固值		
	37d	d＞25	14.8d＋边净跨度＋锚固值		
四级抗震	32d	d≤25	12.8d＋边净跨度＋锚固值		
	35d	d＞25	14d＋边净跨度＋锚固值		

注：l_{aE} 与 $0.5h_c+5d$，两者取大，令其等于"锚固值"；外皮差值查表 1-6。

HRB400 级钢筋≥C40 混凝土框架梁边跨下部跨中直角筋计算表（mm）　　表 2-19

抗震等级	l_{aE}	直径	L_1	L_2	下料长度
一级抗震	33d	d≤25	13.2d＋边净跨度＋锚固值		
	37d	d＞25	14.8d＋边净跨度＋锚固值		
二级抗震	33d	d≤25	13.2d＋边净跨度＋锚固值		
	37d	d＞25	14.8d＋边净跨度＋锚固值	15d	L_1+L_2－外皮差值
三级抗震	30d	d≤25	12d＋边净跨度＋锚固值		
	34d	d＞25	13.6d＋边净跨度＋锚固值		
四级抗震	29d	d≤25	11.6d＋边净跨度＋锚固值		
	32d	d＞25	12.8d＋边净跨度＋锚固值		

注：l_{aE} 与 $0.5h_c+5d$，两者取大，令其等于"锚固值"；外皮差值查表 1-6。

2.2.5　中间跨下部筋下料

由图 2-56 可知：L_1 是由三部分组成的，即锚入左柱部分、锚入右柱部分、中间净跨长度。

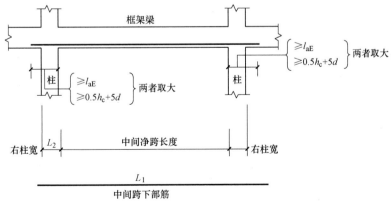

图 2-56　中间跨下部筋的示意图

下料长度 L_1＝中间净跨长度＋锚入左柱部分＋锚入右柱部分 　　(2-7)

锚入左柱部分、锚入右柱部分经取较大值后，各称为"左锚固值"、"右锚固值"。请注意，当左、右两柱的宽度不一样时，两个"锚固值"是不相等的。具体计算见表2-20～表2-25。

HRB335 级钢筋 C30 混凝土框架梁中间跨下部筋计算表（mm）　　　表 2-20

抗震等级	l_{aE}	直径	L_1	L_2	下料长度
一级抗震	33d				
二级抗震	33d	$d{\leqslant}25$	左锚固值＋中间净跨长度＋右锚固值	15d	L_1
三级抗震	30d				
四级抗震	29d				

HRB335 级钢筋 C35 混凝土框架梁中间跨下部筋计算表（mm）　　　表 2-21

抗震等级	l_{aE}	直径	L_1	L_2	下料长度
一级抗震	31d				
二级抗震	31d	$d{\leqslant}25$	左锚固值＋中间净跨长度＋右锚固值	15d	L_1
三级抗震	28d				
四级抗震	27d				

HRB335 级钢筋≥C40 混凝土框架梁中间跨下部筋计算表（mm）　　　表 2-22

抗震等级	l_{aE}	直径	L_1	L_2	下料长度
一级抗震	29d				
二级抗震	29d	$d{\leqslant}25$	左锚固值＋中间净跨长度＋右锚固值	15d	L_1
三级抗震	26d				
四级抗震	25d				

HRB400 级钢筋 C30 混凝土框架梁中间跨下部筋计算表（mm）　　　表 2-23

抗震等级	l_{aE}	直径	L_1	L_2	下料长度
一级抗震	40d	$d{\leqslant}25$			
	45d	$d{>}25$			
二级抗震	40d	$d{\leqslant}25$			
	45d	$d{>}25$	左锚固值＋中间净跨长度＋右锚固值	15d	L_1
三级抗震	37d	$d{\leqslant}25$			
	41d	$d{>}25$			
四级抗震	35d	$d{\leqslant}25$			
	39d	$d{>}25$			

HRB400 级钢筋 C35 混凝土框架梁中间跨下部筋计算表（mm） 表 2-24

抗震等级	l_{aE}	直径	L_1	L_2	下料长度
一级抗震	37d	$d \leqslant 25$			
	40d	$d > 25$			
二级抗震	37d	$d \leqslant 25$			
	40d	$d > 25$	左锚固值＋中间净跨长度＋右锚固值	15d	L_1
三级抗震	34d	$d \leqslant 25$			
	37d	$d > 25$			
四级抗震	32d	$d \leqslant 25$			
	35d	$d > 25$			

HRB400 级钢筋 ≥C40 混凝土框架梁中间跨下部筋计算表（mm） 表 2-25

抗震等级	l_{aE}	直径	L_1	L_2	下料长度
一级抗震	33d	$d \leqslant 25$			
	37d	$d > 25$			
二级抗震	33d	$d \leqslant 25$			
	37d	$d > 25$	左锚固值＋中间净跨长度＋右锚固值	15d	L_1
三级抗震	30d	$d \leqslant 25$			
	34d	$d > 25$			
四级抗震	29d	$d \leqslant 25$			
	32d	$d > 25$			

2.2.6 边跨和中跨搭接架立筋下料

1. 边跨搭接架立筋的下料尺寸计算

图 2-57 所示为架立筋与左右净跨长度、边净跨长度以及搭接长度的关系。

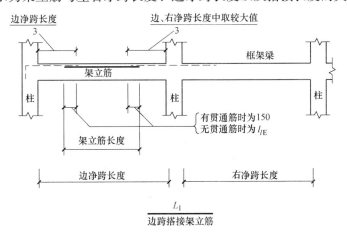

图 2-57 架立筋与边净跨长度、边右净跨长度以及搭接长度的关系

计算时，首先需要知道和哪个筋搭接。边跨搭接架立筋是要和两根筋搭接：一端是和边跨上部一排直角筋的水平端搭接；另一端是和中间支座上部一排直筋搭接。搭接长度有规定，结构有贯通筋时为150mm；无贯通筋时为 l_{lE}。考虑此架立筋是构造需要，建议 l_{lE} 按 $1.2l_{aE}$ 取值。

计算方法如下：

边净跨长度－（边净跨长度/3）－（左、右净跨长度中取较大值）/3＋2×（搭接长度）

$$(2-8)$$

2. 中跨搭接架立筋的下料尺寸计算

图 2-58 所示为中跨搭接架立筋与左、右净跨长度及中间跨净跨长度的关系。

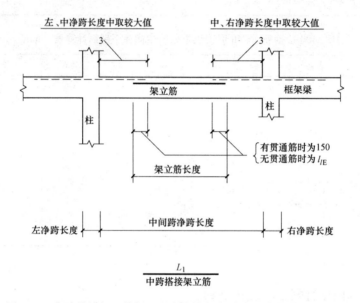

图 2-58 中跨搭接架立筋与左、右净跨长度及中间跨净跨长度的关系

中跨搭接架立筋的下料尺寸计算，与边跨搭接架立筋的下料尺寸计算基本相同，只是把边跨改成了中间跨而已。

2.2.7 角部附加筋及其余钢筋下料

1. 角部附加筋的计算

角部附加筋是用在顶层屋面梁与边角柱的节点处，因此，它的加工弯曲半径 $R=6d$，如图 2-59 所示。

图 2-59 弯曲半径详图

2. 其余钢筋的计算

（1）框架柱纵筋向屋面梁中弯锚

1）通长筋的加工尺寸、下料长度计算公式：

① 加工长度

$$L_1＝梁全长－2×柱筋保护层厚 \qquad (2-9)$$

$$L_2 = 梁高\ h - 梁筋保护层厚 \tag{2-10}$$

② 下料长度

$$L = L_1 + 2L_2 - 90°量度差值 \tag{2-11}$$

2) 边跨上部直角筋的加工长度、下料长度计算公式：

① 第一排

a. 加工尺寸

$$L_1 = L_{n边}/3 + h_c - 柱筋保护层厚 \tag{2-12}$$

$$L_2 = 梁高\ h - 梁筋保护层厚 \tag{2-13}$$

b. 下料长度

$$L = L_1 + L_2 - 90°量度差值 \tag{2-14}$$

② 第二排

a. 加工尺寸

$$L_1 = L_{n边}/4 + h_c - 柱筋保护层厚 + (30d) \tag{2-15}$$

$$L_2 = 梁高\ h - 梁筋保护层厚 + (30d) \tag{2-16}$$

b. 下料长度

$$L = L_1 + L_2 - 90°量度差值 \tag{2-17}$$

(2) 屋面梁上部纵筋向框架柱中弯锚

1) 通长筋的加工尺寸、下料长度计算公式：

① 加工尺寸

$$L_1 = 梁全长 - 2×柱筋保护层厚 \tag{2-18}$$

$$L_2 = 1.7l_{aE} \tag{2-19}$$

当梁上部纵筋配筋率 $\rho > 1.2\%$ 时（第二批截断）：

$$L_2 = 1.7l_{aE} + 20d \tag{2-20}$$

② 下料长度

$$L = L_1 + 2L_2 - 90°量度差值 \tag{2-21}$$

2) 边跨上部直角筋的加工长度、下料长度计算公式：

① 第一排

a. 加工尺寸

$$L_1 = L_{n边}/3 + h_c - 柱筋保护层厚 \tag{2-22}$$

$$L_2 = 1.7l_{aE} \tag{2-23}$$

当梁上部纵筋配筋率 $\rho > 1.2\%$ 时（第二批截断）：

$$L_2 = 1.7l_{aE} + 20d \tag{2-24}$$

b. 下料长度

$$L = L_1 + L_2 - 90°量度差值 \tag{2-25}$$

② 第二排

a. 加工尺寸

$$L_1 = L_{n边}/4 + h_c - 柱筋保护层厚 \tag{2-26}$$

$$L_2 = 1.7 l_{aE} \tag{2-27}$$

b. 下料长度

$$L = L_1 + L_2 - 90°量度差值 \tag{2-28}$$

（3）腰筋

加工尺寸、下料长度计算公式：

$$L_1(L) = L_n + 2 \times 15d \tag{2-29}$$

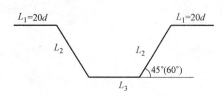

图 2-60　吊筋加工尺寸

（4）吊筋

1）加工尺寸，见图 2-60。

$$L_1 = 20d \tag{2-30}$$

$$L_2 = (梁高 h - 2 \times 梁筋保护层厚)/\sin\alpha \tag{2-31}$$

$$L_3 = 100 + b \tag{2-32}$$

2）下料长度

$$L = L_1 + L_2 + L_3 - 4 \times 45°(60°)量度差值 \tag{2-33}$$

（5）拉筋

在平法中拉筋的弯钩往往是弯成 135°，但在施工时，拉筋一端做成 135° 的弯钩，而另一端先预制成 90°，绑扎后再将 90° 弯成 135°，如图 2-60 所示。

1）加工尺寸

$$L_1 = 梁宽 b - 2 \times 柱筋保护层厚 \tag{2-34}$$

L_2、L_2' 可由表 2-26 查得。

拉筋端钩由 135° 预制成 90° 时 L_2 改注成 L_2' 的数据　　　　　　表 2-26

d/mm	平直段长/mm	L_2/mm	L_2'/mm
6	75	96	110
6.5	75	98	113
8	10d	109	127
10	10d	136	159
12	10d	163	190

注：L_2 为 135° 弯钩增加值，$R = 2.5d$。

2）下料长度

$$L = L_1 + 2L_2 \tag{2-35}$$

或

$$L = L_1 + L_2 + L_2' - 90°量度差值 \tag{2-36}$$

（6）箍筋

平法中箍筋的弯钩均为 135°，平直段长 10d 或 75mm，取其大值。

如图 2-61 所示，L_1、L_2、L_3、L_4 为加工尺寸且为内包尺寸。

1）梁中外围箍筋

图 2-61 施工时拉筋端部弯钩角度

① 加工尺寸

$$L_1 = 梁高\ h - 2 \times 梁筋保护层厚 \tag{2-37}$$

$$L_2 = 梁宽\ b - 2 \times 梁筋保护层厚 \tag{2-38}$$

L_3 比 L_1 增加一个值，L_4 比 L_2 增加一个值，增加值是一样的，这个值可以从表 2-27 中查得。

当 $R = 2.5d$ 时，L_3 比 L_1 和 L_4 比 L_2 各自增加值   表 2-27

d/mm	平直段长/mm	增加值/mm
6	75	102
6.5	75	105
8	$10d$	117
10	$10d$	146
12	$10d$	175

② 下料长度

$$L = L_1 + L_2 + L_3 + L_4 - 3 \times 90°量度差值 \tag{2-39}$$

2）梁截面中间局部箍筋

局部箍筋中对应的 L_2 长度是中间受力筋外皮间的距离，其他算法同外围箍筋，见图 2-62。

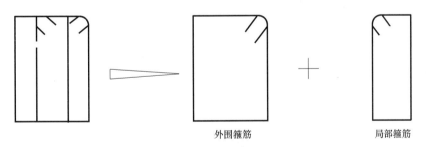

外围箍筋   局部箍筋

图 2-62 梁截面中间局部箍筋

2.3 梁钢筋下料实例

【例 2-1】 已知抗震等级为一级的某框架楼层连续梁，选用 HRB400 级钢筋，直径为 24mm，混凝土强度等级为 C35，梁全长 30.5m，两端柱宽度均为 500mm，试求各钢筋的加工尺寸（即简图及其外皮尺寸）和下料尺寸。

【解】

$$L_1 = 梁全长 - 左端柱宽度 - 右端柱宽度 + 2 \times 14.8d$$
$$= 30500 - 500 - 500 + 2 \times 14.8 \times 24$$
$$= 30210mm$$
$$L_2 = 15d$$
$$= 15 \times 24$$
$$= 360mm$$
$$下料长度 = L_1 + 2L_2 - 2 \times 外皮差值$$
$$= 30210 + 2 \times 360 - 2 \times 2.931d$$
$$\approx 30789mm$$

【例 2-2】 已知抗震等级为三级的框架楼层连续梁，选用 HRB335 级钢筋，直径 $d =$ 22mm，混凝土强度等级为 C30，边净长度为 4.9m，左柱宽 400mm，右柱宽 500mm，试求此框架楼层连续梁的加工尺寸（即简图及其外皮尺寸）和下料尺寸。

【解】

$$l_{aE} = 30d$$
$$= 30 \times 22$$
$$= 660mm$$

左锚固值：

$$0.5h_c + 5d$$
$$= 0.5 \times 400 + 5 \times 22$$
$$= 200 + 110$$
$$= 310mm < 660mm$$

因此，左锚固值 = 660mm。

右锚固值：

$$0.5h_c + 5d$$
$$= 0.5 \times 500 + 5 \times 22$$
$$= 250 + 110$$
$$= 360mm < 660mm$$

因此，右锚固值 = 660mm。

$$L_1 = 660 + 4900 + 660$$
$$= 6220mm$$

【例 2-3】 求加工尺寸（即简图及其外皮尺寸）和下料长度尺寸。已知抗震等级为二级的框架楼层连续梁，选用 HRB400 级钢筋，直径 $d = 26$mm，C35 混凝土，边净跨长度为 6m。

【解】

$$L_1 = 边净跨长度/3 + 16d$$

$$=6000/3+16\times 26$$

$$=2416mm$$

$$L_2=15d$$

$$=15\times 26$$

$$=390mm$$

下料长度$=L_1+L_2-$外皮差值

$$=2416+390-2.931d$$

$$=2416+390-2.931\times 26$$

$$\approx 2730mm$$

【例 2-4】　已知框架楼层连续梁，直径 $d=24mm$，左净跨长度为 5.5m，右净跨长度为 5.4m，柱宽为 450mm。

求钢筋下料长度尺寸。

【解】

下料长度$=2\times 5500/3+450$

$$\approx 4117mm$$

【例 2-5】　已知抗震等级为四级的框架楼层连续梁，选用 HRB335 级钢筋，直径 $d=24mm$，C30 混凝土，边净跨长度为 5.5m，柱宽 450mm。

求加工尺寸（即简图及其外皮尺寸）和下料长度尺寸。

【解】

$$l_{aE}=29d$$

$$=29\times 24$$

$$=696mm$$

$$0.5h_c+5d$$

$$=225+120$$

$$=345mm<696mm$$

取 696mm

$$L_1=12d+5500+696$$

$$=12\times 24+5500+696$$

$$=6484mm$$

$$L_2=15d$$

$$=15\times 24$$

$$=360mm$$

下料长度$=L_1+L_2-$外皮差值

$$=6484+360-2.931d$$

$$=6484+360-2.931\times 24$$

$$\approx 6774mm$$

3 柱构件钢筋下料

3.1 柱构件识图

3.1.1 柱构件施工图制图规则

1. 柱平法施工图表示方法

（1）柱平法施工图系在柱平面布置图上采用列表注写方式或截面注写方式表达。

（2）柱平面布置图，可采用适当比例单独绘制，也可与剪力墙平面布置图合并绘制。

（3）在柱平法施工图中，应按以下规定注明各结构层的楼面标高、结构层高及相应的结构层号，尚应注明上部结构嵌固部位位置。

按平法设计绘制结构施工图时，应当用表格或其他方式注明各结构层的楼面标高、结构层高及相应的结构层号。尚应注明上部结构嵌固部位位置。

（4）上部结构嵌固部位的注写：

1）框架柱嵌固部位在基础顶面上，无需注明。

2）框架柱嵌固部位不在基础顶面时，在层高表嵌固部位标高下使用双细线注明，并在层高表下注明上部结构嵌固部位标高。

3）框架柱嵌固部位不在地下室顶板，但仍需考虑地下室顶板对上部结构实际存在嵌固作用时，可在层高表地下室顶板标高下使用双虚线注明，此时首层柱端箍筋加密区长度范围及纵筋连接位置均按嵌固部位要求设置。

2. 列表注写方式

（1）列表注写方式，系在柱平面布置图上（一般只需采用适当比例绘制一张柱平面布置图，包括框架柱、转换柱、梁上柱和剪力墙上柱），分别在同一编号的柱中选择一个（有时需要选择几个）截面标注几何参数代号；在柱表中注写柱编号、柱段起止标高、几何尺寸（含柱截面对轴线的偏心情况）与配筋的具体数值，并配以各种柱截面形状及其箍筋类型图的方式，来表达柱平法施工图。

（2）柱表注写内容规定如下：

1）注写柱编号。柱编号由类型代号和序号组成，应符合表 3-1 的规定。

2）注写柱段起止标高，自柱根部往上以变截面位置或截面未变但配筋改变处为界分段注写。框架柱和转换柱的根部标高系指基础顶面标高；芯柱的根部标高系指根据结构实

柱编号   表 3-1

柱类型	代号	序号
框架柱	KZ	××
转换柱	ZHZ	××
芯柱	XZ	××
梁上柱	LZ	××
剪力墙上柱	QZ	××

注：编号时，当柱的总高、分段截面尺寸和配筋均应对应相同，仅截面与轴线的关系不同时，仍可将其编为同一柱号，但应在图中注明截面轴线的关系。

际需要而定的起始位置标高；梁上柱的根部标高系指梁顶面标高；剪力墙上柱的根部标高为墙顶面标高。

注：剪力墙上柱 QZ 包括"柱纵筋锚固在墙顶部"、"柱与墙重叠一层"两种构造做法，设计人员应注明选用哪种做法。当选用"柱纵筋锚固在墙顶部"做法时，剪力墙平面外方向应设梁。

3）对于矩形柱，注写柱截面尺寸用 $b \times h$ 及与轴线关系的几何参数代号 b_1、b_2 和 h_1、h_2 的具体数值，需对应于各段柱分别注写。其中 $b = b_1 + b_2$，$h = h_1 + h_2$。当截面的某一边收缩变化至与轴线重合或偏到轴线的另一侧时，b_1、b_2、h_1、h_2 中的某项为零或为负值。

对于圆柱，表中 $b \times h$ 一栏改用在圆柱直径数字前加 d 表示。为表达简单，圆柱截面与轴线的关系也用 b_1、b_2 和 h_1、h_2 表示，并使 $d = b_1 + b_2 = h_1 + h_2$。

对于芯柱，根据结构需要，可以在某些框架柱的一定高度范围内，在其内部的中心位置设置（分别引注其柱编号）；芯柱中心应与柱中心重合，并标注其截面尺寸，按本书钢筋构造详图施工；当设计者采用与本构造详图不同的做法时，应另行注明。芯柱定位随框架柱，不需要注写其与轴线的几何关系。

4）注写柱纵筋。当柱纵筋直径相同，各边根数也相同时（包括矩形柱、圆柱和芯柱），可将纵筋注写在"全部纵筋"一栏中；除此之外，柱纵筋分角筋、截面 b 边中部筋和 h 边中部筋三项分别注写（对于采用对称配筋的矩形截面柱，可仅注写一侧中部筋，对称边省略不注；对于采用非对称配筋的矩形截面柱，必须每侧均注写中部筋）。

5）注写箍筋类型号及箍筋肢数，在箍筋类型栏内注写按（3）规定的箍筋类型号与肢数。

6）注写柱箍筋，包括箍筋级别、直径与间距。

用斜线"/"区分柱端箍筋加密区与柱身非加密区长度范围内箍筋的不同间距。施工人员需根据标准构造详图的规定，在规定的几种长度值中取其最大者作为加密区长度。当框架节点核心区内箍筋与柱端箍筋设置不同时，应在括号中注明核心区箍筋直径及间距。

当箍筋沿柱全高为一种间距时，则不使用"/"线。

当圆柱采用螺旋箍筋时，需在箍筋前加"L"。

（3）具体工程所设计的各种箍筋类型图以及箍筋复合的具体方式，需画在表的上部或图中的适当位置，并在其上标注与表中相对应的 b、h 和类型号。

注：确定箍筋肢数时要满足对柱纵筋"隔一拉一"以及箍筋肢距的要求。

（4）采用列表注写方式表达的柱平法施工图示例见图 3-1。

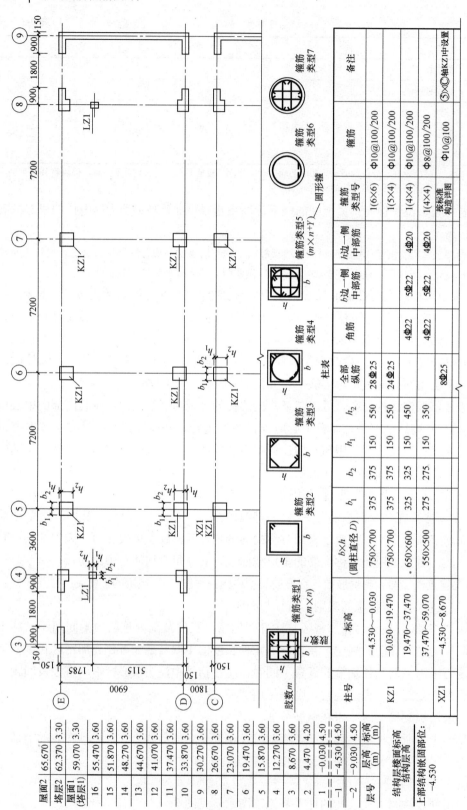

图 3-1 柱平法施工图列表注写方式示例

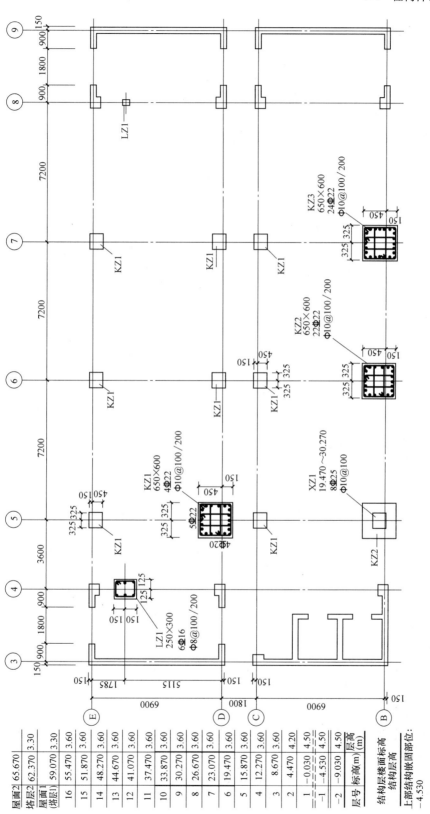

图 3-2 柱平法施工图截面注写方式示例

3. 截面注写方式

（1）截面注写方式，系在柱平面布置图的柱截面上，分别在同一编号的柱中选择一个截面，以直接注写截面尺寸和配筋具体数值的方式来表达柱平法施工图。

（2）对除芯柱之外的所有柱截面按表 3-1 的规定进行编号，从相同编号的柱中选择一个截面，按另一种比例原位放大绘制柱截面配筋图，并在各配筋图上继其编号后再注写截面尺寸 $b \times h$、角筋或全部纵筋（当纵筋采用一种直径且能够图示清楚时）、箍筋的具体数值，以及在柱截面配筋图上标注柱截面与轴线关系 b_1、b_2、h_1、h_2 的具体数值。

当纵筋采用两种直径时，需再注写截面各边中部筋的具体数值（对于采用对称配筋的矩形截面柱，可仅在一侧注写中部筋，对称边省略不注）。

当在某些框架柱的一定高度范围内，在其内部的中心位设置芯柱时，首先按照表 2-14 的规定进行编号，继其编号之后注写芯柱的起止标高、全部纵筋及箍筋的具体数值，芯柱截面尺寸按构造确定，并按标准构造详图施工，设计不注；当设计者采用不同的做法时，应另行注明。芯柱定位随框架柱，不需要注写其与轴线的几何关系。

（3）在截面注写方式中，如柱的分段截面尺寸和配筋均相同，仅截面与轴线的关系不同时，可将其编为同一柱号。但此时应在未画配筋的柱截面上注写该柱截面与轴线关系的具体尺寸。

（4）采用截面注写方式表达的柱平法施工图示例见图 3-2。

3.1.2 柱构件平法识图方法

1. KZ 纵向钢筋连接构造

框架柱纵筋有三种连接方式：绑扎连接、机械连接和焊接连接，如图 3-3 所示。

图 3-3 分别画出了柱纵筋绑扎搭接、机械连接和焊接连接的三种连接方式，绑扎搭接在实际的工程应用中不常见，因此我们着重介绍柱纵筋的机械连接和焊接连接。

（1）柱纵筋的非连接区。所谓"非连接区"，就是柱纵筋不允许在这个区域内进行连接。

1）嵌固部位以上有一个"非连接区"，其长度为 $H_n/3$（H_n 即从嵌固部位到顶板梁底的柱的净高）。

2）楼层梁上下部为的范围形成一个"非连接区"，其长度包括三部分：梁底以下部分、梁中部分和梁顶以上部分。

① 梁底以下部分的非连接区长度 $\geqslant \max$（$H_n/6$，h_c，500）（H_n 即所在楼层的柱净高；h_c 为柱截面长边尺寸，圆柱为截面直径）。

② 梁中部分的非连接区长度＝梁的截面高度。

③ 梁顶以上部分的非连接区长度 $\geqslant \max$（$H_n/6$，h_c，500）（H_n 即上一楼层的柱净高；h_c 为柱截面长边尺寸，圆柱为截面直径）。

（2）柱相邻纵向钢筋连接接头应相互错开。柱相邻纵向钢筋连接接头相互错开，在同一连接区段内钢筋接头面积百分率不应大于 50%。柱纵向钢筋连接接头相互错开的距离：

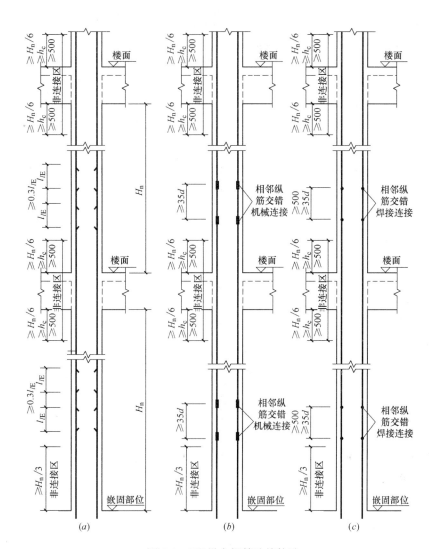

图 3-3　KZ 纵向钢筋连接构造

（a）绑扎搭接；（b）机械连接；（c）焊接连接

1）机械连接接头错开距离≥35d。

2）焊接连接接头错开距离≥35d 且≥500mm。

3）绑扎搭接连接搭接长度 l_{lE}（l_{lE} 即绑扎搭接长度），接头错开距离≥0.3l_{lE}。

2. 上、下柱钢筋不同时钢筋构造

上、下柱钢筋不同时钢筋构造见表 3-2。

3. KZ、QZ、LZ 箍筋加密区范围

在基础顶面嵌固部位≥$H_n/3$ 范围内，中间层梁柱节点以下和以上各 max（$H_n/6$，500，h_c）范围内，顶层梁底以下 max（$H_n/6$，500，h_c）至屋面顶层范围内，如图 3-4 所示。

上、下柱钢筋不同时钢筋构造   表 3-2

情况	识图	构造要点
当上柱钢筋根数比下柱多时	上柱比下柱多出的钢筋 / 上柱 / 楼面 / 下柱 / $1.2l_{aE}$	上柱多出的钢筋锚入下柱(楼面以下)$1.2l_{aE}$
当下柱钢筋根数比上柱多时	下柱比上柱多出的钢筋 / 上柱 / 楼面 / 下柱 / $1.2l_{aE}$	下柱多出的钢筋伸入楼层梁,从梁底算起伸入楼层梁的长度为$1.2l_{aE}$。如果楼层梁的截面高度小于$1.2l_{aE}$,则下柱多出的钢筋可能伸出楼面以上
当上柱钢筋直径比下柱大时	上柱 / 楼面 / $\geq H_n/6$ / $\geq h_c$ / ≥ 500 非连接区 / 下柱 / ≥ 500 / $\geq 0.3l_{lE}$ / l_{lE} / 上柱较大直径钢筋	上下柱纵筋的连接不在楼面以上连接,而改在下柱内进行连接

情况	识图	构造要点
当下柱钢筋直径比上柱大时	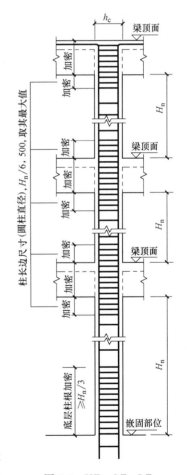	上下柱纵筋的连接不在楼层梁以下连接,而改在上柱内进行连接

4. 地下室 KZ 纵向钢筋连接构造

地下室框架柱纵筋有三种连接方式:绑扎连接、机械连接和焊接连接,如图 3-5 所示。

(1) 柱纵筋的非连接区

1) 基础顶面以上有一个"非连接区",其长度≥max($H_n/6$,h_c,500)(H_n是从基础顶面到顶板梁底的柱的净高;h_c为柱截面长边尺寸,圆柱为截面直径)。

2) 地下室楼层梁上下部为的范围形成一个"非连接区",其长度包括三个部分:梁底以下部分、梁中部分和梁顶以上部分。

① 梁底以下部分的非连接区长度≥max($H_n/6$,h_c,500)(H_n是所在楼层的柱净高;h_c为柱截面长边尺寸,圆柱为截面直径)。

② 梁中部分的非连接区长度=梁的截面高度。

③ 梁顶以上部分的非连接区长度≥max($H_n/6$,h_c,500)(H_n是上一楼层的柱净高;h_c为柱截面长边尺寸,圆柱为截面直径)。

3) 嵌固部位上下部范围内形成一个"非连接区",其长度包括三个部分:梁底以下部分、梁中部分和梁顶以上部分。

① 嵌固部位梁以下部分的非连接区长度≥max($H_n/6$,h_c,500)(H_n是所在楼层的柱净高;h_c为柱截面长边尺寸,圆柱为截面直径)。

图 3-4　KZ、QZ、LZ
箍筋加密范围

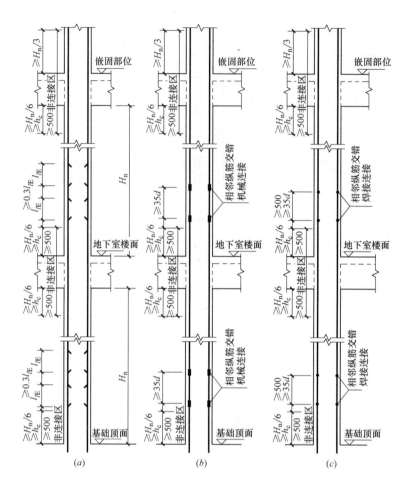

图 3-5 地下室 KZ 纵向钢筋连接构造
(a) 绑扎搭接；(b) 机械连接；(c) 焊接连接

② 嵌固部位梁中部分的非连接区长度＝梁的截面高度。

③ 嵌固部位梁以上部分的非连接区长度≥$H_n/3$（H_n 是上一楼层的柱净高）。

（2）柱相邻纵向钢筋连接接头要相互错开。

柱相邻纵向钢筋连接接头相互错开，在同一连接区段内钢筋接头面积百分率不应大于 50%。

柱纵向钢筋连接接头相互错开距离：

1）机械连接接头错开距离≥35d。

2）焊接连接接头错开距离≥35d 且≥500mm。

3）绑扎搭接连接搭接长度 l_{lE}（l_{lE} 是绑扎搭接长度），接头错开的静距离≥0.3l_{lE}。

5. 地下室 KZ 的箍筋加密区范围

地下室框架的箍筋加密区间为：基础顶面以上 max（$H_n/6$，500，h_c）范围内、地下室楼面以上以下各 max（$H_n/6$，500，h_c）范围内、嵌固部位以上≥$H_n/3$ 及其以下

（$H_n/6$，500，h_c）高度范围内，如图 3-6（a）所示。

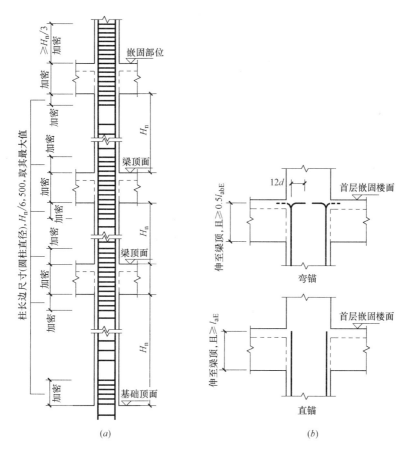

图 3-6 框架柱箍筋加密构造

（a）地下室顶板为上部结构的嵌固部位；（b）地下一层增加钢筋在嵌固部位的锚固构造

当地下一层增加钢筋时，钢筋在嵌固部位的锚固构造如图 3-6（b）所示。当采用弯锚结构时，钢筋伸至梁顶向内弯折 $12d$，且锚入嵌固部位的竖向长度$\geq 0.5l_{abE}$。当采用直锚结构时，钢筋伸至梁顶且锚入嵌固部位的竖向长度$\geq l_{aE}$。

6. 剪力墙上柱 QZ 纵筋构造

剪力墙上柱，是指普通剪力墙上个别部位的少量起柱，不包括结构转换层上的剪力墙柱。剪力墙上柱按柱纵筋的锚固情况分为：柱与墙重叠一层和柱纵筋锚固在墙顶部两种类型，如图 3-7 所示。

第一种锚固方法，如图（a）所示，就是把上层框架柱的全部纵筋向下伸至下层剪力墙的楼面上，也就是与下层剪力墙重叠一个楼层。

第二种锚固方法，如图（b）所示，与第一种锚固方法不同，不是与下层剪力墙重叠一个楼层，而是指在下层剪力墙的上端进行锚固。其做法是：锚入下层剪力墙上部，其直锚长度为 $1.2l_{aE}$，弯直钩 150mm。在墙顶面标高以下锚固范围内的柱箍筋按上柱非加密

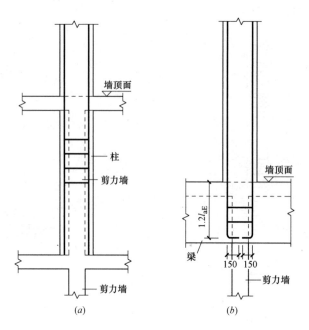

图 3-7　剪力墙上柱纵筋构造

(*a*) 柱与墙重叠一层；(*b*) 直接在剪力墙顶部起柱

区箍筋要求设置。

7. 梁上柱 LZ 纵筋构造

框架梁上起柱，指一般框架梁上的少量起柱（例如：支撑层间楼梯梁的柱等），其构造不适用于结构转换层上的转换大梁起柱。

框架梁上起柱，框架梁是柱的支撑，因此，当梁宽度大于柱宽度时，柱的钢筋能比较可靠的锚固到框架梁中，当梁宽度小于柱宽时，为使柱钢筋在框架梁中锚固可靠，应在框架梁上加侧腋以提高梁对柱钢筋的锚固性能。

柱插筋伸至梁底且 $\geq 20d$，竖直锚固长度应 $\geq 0.6 l_{abE}$，水平弯折 $15d$，d 为柱插筋直径。

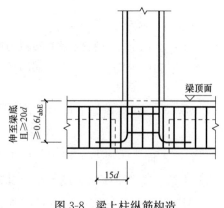

图 3-8　梁上柱纵筋构造

柱在框架梁内应设置两道柱箍筋，当柱宽度大于梁宽时，梁应设置水平加腋。其构造要求如图 3-8 所示。

8. KZ 边柱和角柱柱顶纵向钢筋构造

框架柱边柱和角柱柱顶纵向钢筋构造有五个节点构造，如图 3-9 所示。

图中五个构造做法图可分成三种类型：其中①是柱外侧纵筋弯入梁内作梁上部筋的构造做法；②、③类是柱外侧筋伸至梁顶部再向梁内延伸与梁上部钢筋搭接的构造做法（可简称

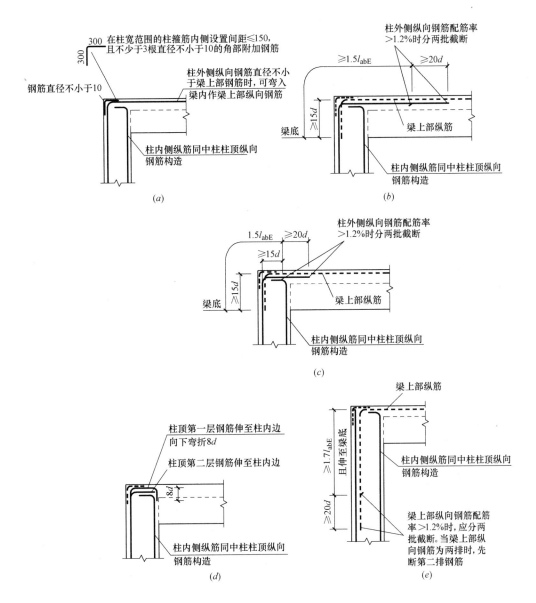

图 3-9 柱顶纵向钢筋构造（柱纵筋锚入梁中）

（a）节点①：柱筋作为梁上部钢筋使用；（b）节点②：从梁底算起 $1.5l_{abE}$ 超过柱内侧边缘；

（c）节点③：从梁底算起 $1.5l_{abE}$ 未超过柱内侧边缘；（d）节点④：当现浇板厚度不小

于 100mm 时，也可按节点②的方式伸入板内锚固，且伸入板内长度不宜小于 $15d$；

（e）节点⑤：梁、柱纵向钢筋搭接接头沿节点外侧直线布置

为"柱插梁"）；而⑤是梁上部筋伸至柱外侧再向下延伸与柱筋搭接的构造做法（可简称为"梁插筋"）。

（1）节点①、②、③、④应相互配合使用，节点④不应单独使用（只用于未伸入梁内的柱外侧纵筋锚固），伸入梁内的柱外侧纵筋不宜少于柱外侧全部纵筋面积的 65%。

（2）可选择②+④或③+④或①+②+④或①+③+④的做法。

（3）节点⑤用于梁、柱纵向钢筋接头沿节点柱顶外侧直线布置的情况，可与节点①组合使用。

（4）可选择⑤或①+⑤的做法。

（5）设计未注明采用哪种构造时，施工人员应根据实际情况按各种做法所要求的条件正确的选用。

9. KZ 中柱柱顶纵向钢筋构造

根据框架柱在柱网布置中的具体位置（或框架柱四边中与框架梁连接的边数），可分为：中柱、边柱和角柱。根据框架柱中钢筋的位置，可以将框架柱中的钢筋分为框架柱内侧纵筋和外侧纵筋。顶层中间节点（顶层中柱与顶层梁节点）的柱纵筋全部为内侧纵筋，顶层边节点（顶层边柱与顶层梁节点）和顶层角节点（顶层角柱与顶层梁节点）分别由内侧和外侧钢筋组成。

框架柱中柱柱顶纵向钢筋构造如图 3-10 所示。

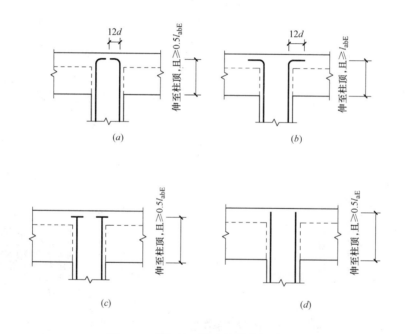

图 3-10　框架柱顶层中间节点钢筋构造

（a）框架柱纵筋在顶层弯锚 1；（b）框架柱纵筋在顶层弯锚 2；

（c）框架柱纵筋在顶层加锚头/锚板；（d）框架柱纵筋在顶层直锚

（1）柱纵筋弯锚入梁中。当顶层框架梁的高度（减去保护层厚度）不能够满足框架柱纵向钢筋的最小锚固长度时，框架柱纵筋伸入框架梁内，采取向内弯折锚固的形式，如图（a）所示；当直锚长度小于最小锚固长度，且顶层为现浇混凝土板，其混凝土强度等级不小于 C20，板厚不小于 100 时，可以采用向外弯折锚固的形式，如图（b）所示。

（2）柱纵筋加锚头/锚板伸至梁中。当顶层框架梁的高度（减去保护层厚度）不能够满足框架柱纵向钢筋的最小锚固长度时，框架柱纵筋伸入框架梁内，可采取端头加锚头（锚板）锚固的形式，如图（c）所示。

（3）柱纵筋直锚入梁中。当顶层框架梁的高度（减去保护层厚度）能够满足框架柱纵向钢筋的最小锚固长度时，框架柱纵筋伸入框架梁内，采取直锚的形式，如图（d）所示。

10. KZ 柱变截面位置纵向钢筋构造

框架柱变截面位置纵向钢筋的构造要求通常是指当楼层上下柱截面发生变化时，其纵筋在节点内根的锚固方法和构造措施。纵向钢筋根据框架柱在上下楼层截面变化相对梁高数值的大小，及其所处位置，可分为五种情况，具体构造如图 3-11 所示。

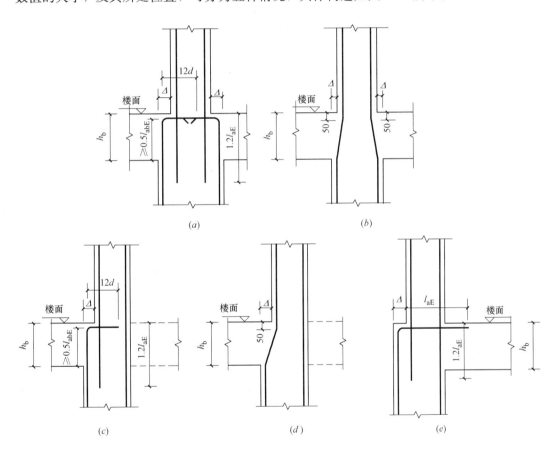

图 3-11 抗震 KZ 柱变截面位置纵向钢筋构造

（a）$\Delta/h_b>1/6$；（b）$\Delta/h_b\leqslant1/6$；（c）$\Delta/h_b>1/6$；（d）$\Delta/h_b\leqslant1/6$；（e）外侧错台

根据错台的位置及斜率比的大小，可以得出抗震框架柱变截面处的纵筋构造要点，其中 Δ 为上下柱同向侧面错台的宽度，h_b 为框架梁的截面高度。

（1）变截面的错台在内侧

变截面的错台在内侧时，可分为两种情况：

1）$\Delta/h_b>1/6$

图 3-11 (a)、(c)：下层柱纵筋断开，上层柱纵筋伸入下层；下层柱纵筋伸至该层顶 $12d$；上层柱纵筋伸入下层 $1.2l_{aE}$。

2）$\Delta/h_b \leqslant 1/6$

图 3-11 (b)、(d)：下层柱纵筋斜弯连续伸入上层，不断开。

（2）变截面的错台在外侧

变截面的错台在外侧时，构造如图 3-11 (e) 所示，端柱处变截面，下层柱纵筋断开，伸至梁顶后弯锚进框架梁内，弯折长度为 $\Delta + l_{aE} -$ 纵筋保护层，上层柱纵筋伸入下层 $1.2l_{aE}$。

11. KZ 边柱、角柱柱顶等截面伸出时纵向钢筋构造

KZ 边柱、角柱柱顶等截面伸出时纵向钢筋构造如图 3-12 所示。

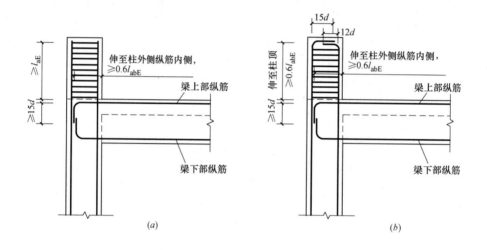

图 3-12　KZ 边柱、角柱柱顶等截面伸出时纵向钢筋构造

(a) 当伸出长度自梁顶算起满足直锚长度 l_{aE} 时；

(b) 当伸出长度自梁顶算起不能满足直锚长度 l_{aE} 时

（1）箍筋规则及数量由设计指定，肢距不大于 400mm。

（2）本图所示为顶层边柱、角柱伸出屋面时的柱纵筋做法，设计时应根据具体伸出长度采取相应节点做法。

（3）当柱顶伸出屋面的截面发生变化时应另行设计。

12. 柱纵向钢筋在基础中的构造

柱纵向钢筋在基础中的构造，可根据基础类型、基础高度、基础梁与柱的相对尺寸等因素综合确定。柱纵向钢筋在基础中的构造如图 3-13 所示。

（1）图中 h_j 为基础底面至基础顶面的高度，柱下为基础梁时，h_j 为基础梁底面至顶面的高度。当柱两侧基础梁标高不同时取较低标高。

（2）锚固区横向箍筋应满足直径 $\geqslant d/4$（d 为纵筋最大直径），间距 $\leqslant 5d$（d 为纵筋最小直径）且 $\leqslant 100$mm 的要求。

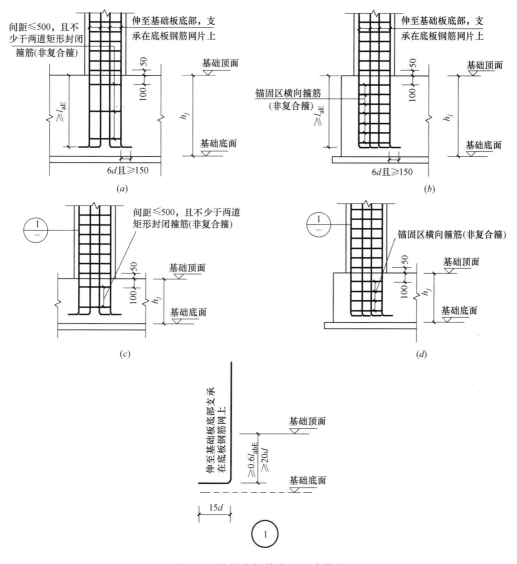

图 3-13 柱纵向钢筋在基础中构造

（a）保护层厚度＞5d；基础高度满足直锚；（b）保护层厚度≤5d；基础高度满足直锚；
（c）保护层厚度＞5d；基础高度不满足直锚；（d）保护层厚度≤5d；基础高度不满足直锚

（3）当柱纵筋在基础中保护层厚度不一致（如纵筋部分位于梁内，部分位于板内），保护层厚度不大于 5d 的部分应设置锚固区横向钢筋。

（4）当符合下列条件之一时，可仅将柱四角纵筋伸至底板钢筋网片上或者筏形基础中间层钢筋网片上（伸至钢筋网片上的柱纵筋间距不应大于 1000mm），其余纵筋锚固在基础顶面下 l_{aE} 即可。

1）柱为轴心受压或小偏心受压，基础高度或基础顶面至中间层钢筋网片顶面距离不小于 1200mm。

2）柱为大偏心受压，基础高度或基础顶面至中间层钢筋网片顶面距离不小于 1400mm。

(5) 图中 d 为柱纵筋直径。

柱纵向钢筋在基础中构造的具体构造要点为:

1) 保护层厚度 $>5d$; 基础高度满足直锚

柱纵筋"伸至基础板底部,支承在底板钢筋网片上",弯折"$6d$ 且 $\geqslant 150mm$";而且,墙身竖向分布钢筋在基础内设置"间距 $\leqslant 500mm$,且不少于两道矩形封闭箍筋(非复合箍)"。

2) 保护层厚度 $>5d$; 基础高度不满足直锚

柱纵筋"伸至基础板底部,支承在底板钢筋网片上",且锚固垂直段"$\geqslant 0.6l_{abE}$,$\geqslant 20d$",弯折"$15d$";而且,墙身竖向分布钢筋在基础内设置"间距 $\leqslant 500mm$,且不少于两道矩形封闭箍筋(非复合箍)"。

3) 保护层厚度 $\leqslant 5d$; 基础高度满足直锚

柱纵筋"伸至基础板底部,支承在底板钢筋网片上",弯折"$6d$ 且 $\geqslant 150mm$";而且,墙身竖向分布钢筋在基础内设置"锚固区横向箍筋(非复合箍)"。

4) 保护层厚度 $\leqslant 5d$; 基础高度不满足直锚

柱纵筋"伸至基础板底部,支承在底板钢筋网片上",且锚固垂直段"$\geqslant 0.6l_{abE}$,$\geqslant 20d$",弯折"$15d$";而且,墙身竖向分布钢筋在基础内设置"锚固区横向箍筋(非复合箍)"。

3.2 柱钢筋下料计算

3.2.1 中柱顶筋下料

1. 直锚长度 $<l_{aE}$ (图 3-14)

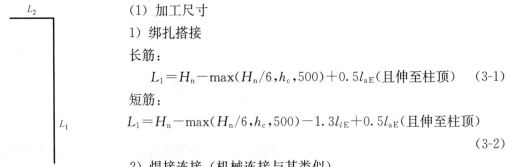

图 3-14 加工尺寸
($L_2=12d$)

(1) 加工尺寸

1) 绑扎搭接

长筋:

$$L_1 = H_n - \max(H_n/6, h_c, 500) + 0.5l_{aE}(且伸至柱顶) \quad (3\text{-}1)$$

短筋:

$$L_1 = H_n - \max(H_n/6, h_c, 500) - 1.3l_{lE} + 0.5l_{aE}(且伸至柱顶) \quad (3\text{-}2)$$

2) 焊接连接(机械连接与其类似)

长筋:

$$L_1 = H_n - \max(H_n/6, h_c, 500) + 0.5l_{aE}(且伸至柱顶) \quad (3\text{-}3)$$

短筋:

$$L_1 = H_n - \max(H_n/6, h_c, 500) - \max(500, 35d) + 0.5l_{aE}(且伸至柱顶) \quad (3\text{-}4)$$

(2) 下料长度

$$L = L_1 + L_2 - 90° 量度差值 \quad (3\text{-}5)$$

2. 直锚长度≥l_{aE}

（1）绑扎搭接加工尺寸

长筋：

$$L=H_n-\max(H_n/6,h_c,500)+l_{aE}(且伸至柱顶) \tag{3-6}$$

短筋：

$$L=H_n-\max(H_n/6,h_c,500)-1.3l_{lE}+l_{aE}(且伸至柱顶) \tag{3-7}$$

（2）焊接连接加工尺寸（机械连接与其类似）

长筋：

$$L=H_n-\max(H_n/6,h_c,500)+l_{aE}(且伸至柱顶) \tag{3-8}$$

短筋：

$$L=H_n-\max(H_n/6,h_c,500)-\max(500,35d)+l_{aE}(且伸至柱顶) \tag{3-9}$$

3.2.2 边柱顶筋下料

1. 边柱顶筋加工尺寸计算

边柱顶筋加工尺寸计算公式见表3-3。

尺寸计算公式　　　　　　　　　　　　　　　　　表3-3

情况	图		计 算 方 法
A节点形式	柱外侧筋图 L_2 L_1	不少于柱外侧筋面积的65%深入梁内	(1)绑扎搭接： 长筋：$L_1=H_n-\max(H_n/6,h_c,500)+梁高 h-梁筋保护层厚$ 短筋：$L_1=H_n-\max(H_n/6,h_c,500)-1.3l_{lE}+梁高 h-梁筋保护层厚$ (2)焊接连接(机械连接与其类似) 长筋：$L_1=H_n-\max(H_n/6,h_c,500)+梁高 h-梁筋保护层厚$ 短筋：$L_1=H_n-\max(H_n/6,h_c,500)-\max(500,35d)+梁高 h-梁筋保护层厚$ 绑扎搭接与焊接连接的L_2相同，即： $L_2=1.5l_{aE}-梁高 h+梁筋保护层厚$
		其余（<35%）柱外侧纵筋伸至柱内侧弯下 柱外侧纵筋伸至柱内侧弯下图 L_2 L_3 L_1	(1)绑扎搭接： 长筋：$L_1=H_n-\max(H_n/6,h_c,500)+梁高 h-梁筋保护层厚$ 短筋：$L_1=H_n-\max(H_n/6,h_c,500)-1.3l_{lE}+梁高 h-梁筋保护层厚$ (2)焊接连接(机械连接与其类似) 长筋：$L_1=H_n-\max(H_n/6,h_c,500)+梁高 h-梁筋保护层厚$ 短筋：$L_1=H_n-\max(H_n/6,h_c,500)-\max(500,35d)+梁高 h-梁筋保护层厚$ 绑扎搭接与焊接连接的L_2相同，即： $L_2=H_c-2×柱保护层厚，L_3=8d$

情况	图	计 算 方 法
A 节点形式	**柱内侧筋图**	**直锚长度 $<l_{aE}$** (1)绑扎搭接 长筋： $$L_1=H_n-\max(H_n/6,h_c,500)+梁高 h-梁筋保护层厚-(30+d)$$ 短筋： $$L_1=H_n-\max(H_n/6,h_c,500)-1.3l_{lE}+梁高 h-梁筋保护层厚-(30+d)$$ (2)焊接连接(机械连接与其类似) 长筋： $$L_1=H_n-\max(H_n/6,h_c,500)+梁高 h-梁筋保护层厚-(30+d)$$ 短筋： $$L_1=H_n-\max(H_n/6,h_c,500)-\max(500,35d)+梁高 h-梁筋保护层厚-(30+d)$$ 绑扎搭接与焊接连接的 L_2 相同，即 $$L_2=12d$$

情况	图	计 算 方 法
		直锚长度 $\geqslant l_{aE}$（此时的 $L_2=0$） (1)绑扎搭接： 长筋： $$L_1=H_n-\max(H_n/6,h_c,500)+l_{aE}$$ 短筋： $$L_1=H_n-\max(H_n/6,h_c,500)-1.3l_{lE}+l_{aE}$$ (2)焊接连接(机械连接与其类似) 长筋： $$L_1=H_n-\max(H_n/6,h_c,500)+l_{aE}$$ 短筋： $$L_1=H_n-\max(H_n/6,h_c,500)-\max(500,35d)+l_{aE}$$
B 节点形式	—	当顶层为现浇板，其混凝土强度等级≥C20，板厚≥8mm 时采用该节点式，其顶筋的加工尺寸计算公式与 A 节点形式对应钢筋的计算公式相同
C 节点形式	—	当柱外侧向钢筋配料率大于 1.2%时，柱外侧纵筋分两次截断，那么柱外侧纵向钢筋长、短筋的 L_1 同 A 节点形式的柱外侧纵向钢筋长、短筋 L_1 计算。L_1 的计算方法如下： 第一次截断： $$L_2=1.5l_{aE}-梁高 h+梁筋保护层厚$$ 第二次截断： $$L_2=1.5l_{aE}-梁高 h+梁筋保护层厚+20d$$ B、C 节点形式的其他柱内纵筋加工长度计算同 A 节点形式的对应筋
D、E 节点形式	**柱外侧纵筋加工长度**	(1)绑扎搭接 长筋： $$L_1=H_n-\max(H_n/6,h_c,500)+梁高 h-梁筋保护层厚$$ 短筋： $$L_1=H_n-\max(H_n/6,h_c,500)-1.3l_{lE}+梁高 h-梁筋保护层厚$$ (2)焊接连接(机械连接与其类似) 长筋： $$L_1=H_n-\max(H_n/6,h_c,500)+梁高 h-梁筋保护层厚$$ 短筋： $$L_1=H_n-\max(H_n/6,h_c,500)-\max(500,35d)+梁高 h-梁筋保护层厚$$ 绑扎搭接与焊接连接的 L_2 相同，即 $$L_2=12d$$ D、E 节点形式的其他柱内侧纵筋加工尺寸计算同 A 节点形式柱内侧对应筋计算

2. 边柱顶筋下料长度计算公式

A 节点形式中小于 35% 柱外侧纵筋伸至柱内弯下的纵筋下料长度公式为：

$$L = L_1 + L_2 + L_3 - 2 \times 90°量度差值 \tag{3-10}$$

其他纵筋均为：

$$L = L_1 + L_2 - 2 \times 90°量度差值 \tag{3-11}$$

3.2.3 角柱顶筋下料

（1）角柱顶筋中的第一排筋。角柱顶筋中的第一排筋可以利用边柱柱外侧筋的公式来计算。

（2）角柱顶筋中的第二排筋：

1）绑扎搭接

长筋：

$$L_1 = H_n - \max(H_n/6, h_c, 500) + 梁高\,h - 梁筋保护层厚 - (30+d) \tag{3-12}$$

短筋：

$$L_1 = H_n - \max(H_n/6, h_c, 500) - 1.3l_{lE} + 梁高\,h - 梁筋保护层厚 - (30+d) \tag{3-13}$$

2）焊接连接（机械连接与其类似）

长筋：

$$L_1 = H_n - \max(H_n/6, h_c, 500) + 梁高\,h - 梁筋保护层厚 - (30+d) \tag{3-14}$$

短筋：

$$L_1 = H_n - \max(H_n/6, h_c, 500) - \max(500, 35d) + 梁高\,h - 梁筋保护层厚 - (30+d) \tag{3-15}$$

3）绑扎搭接与焊接连接的 L_2 相同，即

$$L_2 = 1.5l_{aE} - 梁高\,h + 梁筋保护层厚 + (30+d) \tag{3-16}$$

（3）角柱顶筋中的第三排筋（直锚长度<l_{aE}，即有水平筋）

1）绑扎搭接

长筋：

$$L_1 = H_n - \max(H_n/6, h_c, 500) + 梁高\,h - 梁筋保护层厚 - 2 \times (30+d) \tag{3-17}$$

短筋：

$$L_1 = H_n - \max(H_n/6, h_c, 500) - 1.3l_{lE} + 梁高\,h - 梁筋保护层厚 - 2 \times (30+d) \tag{3-18}$$

2）焊接连接（机械连接与其类似）

长筋：

$$L_1 = H_n - \max(H_n/6, h_c, 500) + 梁高\,h - 梁筋保护层厚 - 2 \times (30+d) \tag{3-19}$$

短筋：

$$L_1 = H_n - \max(H_n/6, h_c, 500) - \max(500, 35d) + 梁高\,h - 梁筋保护层厚 - 2 \times (30+d) \tag{3-20}$$

3）绑扎搭接与焊接连接的 L_2 相同，即

$$L_2 = 12d \qquad (3\text{-}21)$$

若此时直锚长度$\geqslant l_{\mathrm{aE}}$，即无水平筋，那么其筋计算与边柱柱内侧筋在直锚长度$\geqslant l_{\mathrm{aE}}$时的情况一样。

（4）角柱顶筋中的第四排筋（直锚长度$< l_{\mathrm{aE}}$，即有水平筋）

1）绑扎搭接

长筋：

$$L_1 = H_{\mathrm{n}} - \max(H_{\mathrm{n}}/6, h_{\mathrm{c}}, 500) + 梁高\ h - 梁筋保护层厚 - 3 \times (30 + d) \qquad (3\text{-}22)$$

短筋：

$$L_1 = H_{\mathrm{n}} - \max(H_{\mathrm{n}}/6, h_{\mathrm{c}}, 500) - 1.3 l_{l\mathrm{E}} + 梁高\ h - 梁筋保护层厚 - 3 \times (30 + d) \qquad (3\text{-}23)$$

2）焊接连接（机械连接与其类似）

长筋：

$$L_1 = H_{\mathrm{n}} - \max(H_{\mathrm{n}}/6, h_{\mathrm{c}}, 500) + 梁高\ h - 梁筋保护层厚 - 3 \times (30 + d) \qquad (3\text{-}24)$$

短筋：

$$L_1 = H_{\mathrm{n}} - \max(H_{\mathrm{n}}/6, h_{\mathrm{c}}, 500) - \max(500, 35d) + 梁高\ h - 梁筋保护层厚 - 3 \times (30 + d)$$

$$(3\text{-}25)$$

3）绑扎搭接与焊接连接的L_2相同，即

$$L_2 = 12d \qquad (3\text{-}26)$$

若此时直锚长度$\geqslant l_{\mathrm{aE}}$，即无水平筋，那么其筋计算与边柱柱内侧筋在直锚长度$\geqslant l_{\mathrm{aE}}$时的情况一样。

3.3 柱钢筋下料实例

【例 3-1】 试计算长、短钢筋的下料长度。某三级抗震框架柱采用 C30，HRB335 级钢筋制作，钢筋直径 $d = 25\mathrm{mm}$，底梁高度为 $450\mathrm{mm}$，柱净高 $5000\mathrm{mm}$，保护层为 $25\mathrm{mm}$。

【解】

先要知道直锚长度是否满足 l_{aE} 的要求。

$l_{\mathrm{aE}} = 30d$

$\quad = 30 \times 25$

$\quad = 750\mathrm{mm}$

梁高$-$保护层

$\quad = 450 - 25$

$\quad = 425\mathrm{mm}$

$l_{\mathrm{aE}} >$ 梁高$-$保护层

说明直锚长度不能满足 l_{aE} 的要求应弯锚，还需计算出 $35d$ 与 $500\mathrm{mm}$ 二者哪个值最大。

$35d$

$$=35\times25$$

$$=875m$$

故：$35d>500mm$，应采用 $35d$。

1 个 90°外皮差值 $=3.79d$

$$=3.79\times25$$

$$=95mm$$

根据计算公式：

$L_{长}=0.5l_{aE}+15d+$ 柱净高 $/3+\max$（$35d$，500）-1 个 90°外皮差值

$$=0.5\times750+15\times25+5000/3+875-95$$

$$=3197mm$$

$L_{短}=0.5l_{aE}+15d+$ 柱净高 $/3-1$ 个 90°外皮差值

$$=0.5\times750+15\times25+5000/3-95$$

$$=2322mm$$

【例 3-2】 计算 KZ1 的基础插筋。KZ1 的截面尺寸为 $750mm\times700mm$，柱纵筋为 22Φ22，混凝土强度等级为 C30，二级抗震等级。

假设该建筑物具有层高为 4.10m 的地下室。地下室下面是"正筏板"基础（即"低板位"的有梁式筏形基础，基础梁底和基础板底一平）。地下室顶板的框架梁仍然采用 KL1（$300mm\times700mm$）。基础主梁的截面尺寸为 $700mm\times800mm$，下部纵筋为 8Φ22。筏板的厚度为 500mm，筏板的纵向钢筋都是 $\phi18@200$（图 3-15）。

计算框架柱基础插筋伸出基础梁顶面以上的长度、框架柱基础插筋的直锚长度及框架柱基础插筋的总长度。

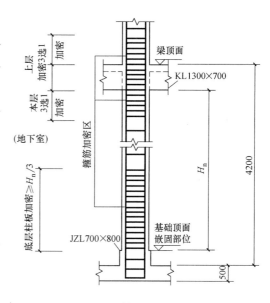

图 3-15 筏板的纵向钢筋

【解】

（1）计算框架柱基础插筋伸出基础梁顶面以上的长度

已知：地下室层高 $=4100mm$，地下室顶框架梁高 $=700mm$，基础主梁高 $=800mm$，筏板厚度 $=500mm$，所以

地下室框架柱净高 $H_n=4100-700-(800-500)$

$$=3100mm$$

框架柱基础插筋（短筋）伸出长度 $H_n/3=3100/3$

$$=1033mm$$

则：

框架柱基础插筋（长筋）伸出长度＝1033＋35×22

＝1803mm

（2）计算框架柱基础插筋的直锚长度

已知：基础主梁高度＝800mm，基础主梁下部纵筋直径＝22mm，筏板下层纵筋直径＝16mm，基础保护层＝40mm，所以：

框架柱基础插筋直锚长度＝800－22－16－40

＝722mm

（3）框架柱基础插筋的总长度

框架柱基础插筋的垂直段长度（短筋）＝1033＋722

＝1755mm

框架柱基础插筋的垂直段长度（长筋）＝1803＋722

＝2525mm

因为：

$l_{aE}＝40d$

＝40×22

＝880mm

而：

现在的直锚长度＝722＜l_{aE}，所以：

框架柱基础插筋的弯钩长度＝15d

＝15×22

＝330mm

框架柱基础插筋（短筋）的总长度＝1755＋330

＝2085mm

框架柱基础插筋（长筋）的总长度＝2525＋330

＝2855mm

4 剪力墙构件钢筋下料

4.1 剪力墙构件识图

4.1.1 剪力墙构件施工图制图规则

1. 剪力墙平法施工图表示方法

（1）剪力墙平法施工图系在剪力墙平面布置图上采用列表注写方式或截面注写方式表达。

（2）剪力墙平面布置图可采用适当比例单独绘制，也可与柱或梁平面布置图合并绘制。当剪力墙较复杂或采用截面注写方式时，应按标准层分别绘制剪力墙平面布置图。

（3）在剪力墙平法施工图中，应当用表格或其他方式注明各结构层的楼面标高、结构层高及相应的结构层号，尚应注明上部结构嵌固部位位置。

（4）对于轴线未居中的剪力墙（包括端柱），应标注其偏心定位尺寸。

2. 列表注写方式

（1）为表达清楚、简便，剪力墙可视为由剪力墙柱、剪力墙身和剪力墙梁三类构件构成。

列表注写方式，系分别在剪力墙柱表、剪力墙身表和剪力墙梁表中，对应剪力墙平面布置图上的编号，用绘制截面配筋图并注写几何尺寸与配筋具体数值的方式，来表达剪力墙平法施工图。

（2）编号规定：将剪力墙按剪力墙柱、剪力墙身、剪力墙梁（简称为墙柱、墙身、墙梁）三类构件分别编号。

1）墙柱编号，由墙柱类型代号和序号组成，表达形式见表4-1。

墙柱编号 表 4-1

墙柱类型	编号	序号
约束边缘构件	YBZ	××
构造边缘构件	GBZ	××
非边缘暗柱	AZ	××
扶壁柱	FBZ	××

注：约束边缘构件包括约束边缘暗柱、约束边缘端柱、约束边缘翼墙、约束边缘转角墙四种（图4-1）。构造边缘构件包括构造边缘暗柱、构造边缘端柱、构造边缘翼墙、构造边缘转角墙四种（图4-2）。

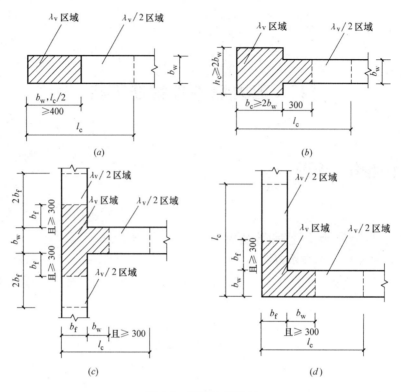

图 4-1　约束边缘构件

（a）约束边缘暗柱；（b）约束边缘端柱；（c）约束边缘翼墙；（d）约束边缘转角墙

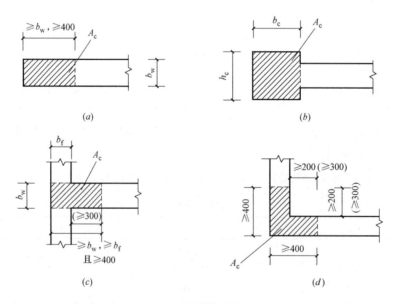

图 4-2　构造边缘构件

（a）构造边缘暗柱；（b）构造边缘端柱；（c）构造边缘翼墙（括号中数值用于高层建筑）；

（d）构造边缘转角墙（括号中数值用于高层建筑）

2）墙身编号，由墙身代号、序号以及墙身所配置的水平与竖向分布钢筋的排数组成，其中，排数注写在括号内。表达形式为：

Q×× （×排）

注：1. 在编号中：如若干墙柱的截面尺寸与配筋均相同，仅截面与轴线的关系不同时，可将其编为同一墙柱号；又如若干墙身的厚度尺寸和配筋均相同，仅墙厚与轴线的关系不同或墙身长度不同时，也可将其编为同一墙身号，但应在图中注明与轴线的几何关系。

2. 当墙身所设置的水平与竖向分布钢筋的排数为 2 时可不注。

3. 对于分布钢筋网的排数规定：当剪力墙厚度不大于 400mm 时，应配置双排；当剪力墙厚度大于 400mm，但不大于 700mm 时，宜配置三排；当剪力墙厚度大于 700mm 时，宜配置四排。各排水平分布钢筋和竖向分布钢筋的直径与间距宜保持一致。

当剪力墙配置的分布钢筋多于两排时，剪力墙拉筋两端应同时勾住外排水平纵筋和竖向纵筋，还应与剪力墙内排水平纵筋和竖向纵筋绑扎在一起。

3）墙梁编号，由墙梁类型代号和序号组成，表达形式见表 4-2。

墙梁编号　　　　　　　　　　　表 4-2

墙梁类型	代号	序号
连梁	LL	××
连梁(对角暗撑配筋)	LL(JC)	××
连梁(交叉斜筋配筋)	LL(JX)	××
连梁(集中对角斜筋配筋)	LL(DX)	××
连梁(跨高比不小于 5)	LLk	××
暗梁	AL	××
边框梁	BKL	××

注：1. 在具体工程中，当某些墙身需设置暗梁或边框梁时，宜在剪力墙平法施工图中绘制暗梁或边框梁的平面布置图并编号，以明确其具体位置。

2. 跨高比不小于 5 的连梁按框架梁设计时，代号为 LLk。

（3）在剪力墙柱表中表达的内容，规定如下：

1）注写墙柱编号（见表 4-1），绘制该墙柱的截面配筋图，标注墙柱几何尺寸。

① 约束边缘构件（见图 4-1），需注明阴影部分尺寸。

注：剪力墙平面布置图中应注明约束边缘构件沿墙肢长度 l_c（约束边缘翼墙中沿墙肢长度尺寸为 $2b_f$ 时可不注）。

② 构造边缘构件（见图 4-2），需注明阴影部分尺寸。

③ 扶壁柱及非边缘暗柱需标注几何尺寸。

2）注写各段墙柱的起止标高，自墙柱根部往上以变截面位置或截面未变但配筋改变处为界分段注写。墙柱根部标高系指基础顶面标高（部分框支剪力墙结构则为框支梁顶面标高）。

3）注写各段墙柱的纵向钢筋和箍筋，注写值应与在表中绘制的截面配筋图对应一致。

纵向钢筋注总配筋值；墙柱箍筋的注写方式与柱箍筋相同。

设计施工时应注意：

① 在剪力墙平面布置图中需注写约束边缘构件非阴影区内布置的拉筋或箍筋直径，与阴影区箍筋直径相同时，可不注。

② 当约束边缘构件体积配箍率计算中计入墙身水平分布钢筋时，设计者应注明。施工时，墙身水平分布钢筋应注意采用相应的构造做法。

③ 本书约束边缘构件非阴影区拉筋是沿剪力墙竖向分布钢筋逐根设置。施工时应注意，非阴影区外圈设置箍筋时，箍筋应包住阴影区内第二列竖向纵筋。当设计采用与本构件详图不同的做法时，应另行注明。

④ 当非底部加强部位构造边缘构件不设置外圈封闭箍筋时，设计者应注明。施工时，墙身水平分布钢筋应注意采用相应的构造做法。

（4）在剪力墙身表中表达的内容，规定如下：

1）注写墙身编号（含水平与竖向分布钢筋的排数）。

2）注写各段墙身起止标高，自墙身根部往上以变截面位置或截面未变但配筋改变处为界分段注写。墙身根部标高系指基础顶面标高（部分框支剪力墙结构则为框支梁顶面标高）。

3）注写水平分布钢筋、竖向分布钢筋和拉筋的具体数值。注写数值为一排水平分布钢筋和竖向分布钢筋的规格与间距，具体设置几排已经在墙身编号后面表达。

拉筋应注明布置方式"矩形"或"梅花"布置，用于剪力墙分布钢筋的拉结，见图4-3（图中 a 为竖向分布钢筋间距，b 为水平分布钢筋间距）。

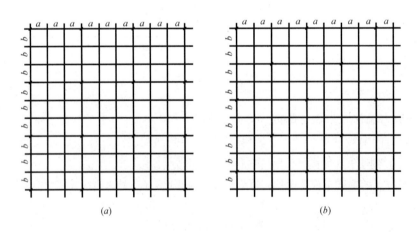

(a) (b)

图 4-3 拉结筋设置示意

（a）拉结筋@3a3b 矩形（$a{\leqslant}200$mm、$b{\leqslant}200$mm）；（b）拉结筋@4a4b 梅花（$a{\leqslant}150$mm、$b{\leqslant}150$mm）

（5）在剪力墙梁表中表达的内容，规定如下：

1）注写墙梁编号。

2）注写墙梁所在楼层号。

3) 注写墙梁顶面标高高差，系指相对于墙梁所在结构层楼面标高的高差值，高于者为正值，低于者为负值，当无高差时不注。

4) 注写墙梁截面尺寸 $b \times h$，上部纵筋、下部纵筋和箍筋的具体数值。

5) 当连梁设有对角暗撑时 [代号为 LL（JC）××]，注写暗撑的截面尺寸（箍筋外皮尺寸）；注写一根暗撑的全部纵筋，并标注×2 表明有两根暗撑相互交叉；注写暗撑箍筋的具体数值。

6) 当连梁设有交叉斜筋时 [代号为 LL（JX）××]，注写连梁一侧对角斜筋的配筋值，并标注×2 表明对称设置；注写对角斜筋在连梁端部设置的拉筋根数、强度级别及直径，并标注×4 表示四个角都设置；注写连梁一侧折线筋配筋值，并标注×2 表明对称设置。

7) 当连梁设有集中对角斜筋时 [代号为 LL（DX）××]，注写一条对角线上的对角斜筋，并标注×2 表明对称设置。

8) 跨高比不小于 5 的连梁，按框架梁设计时（代号为 LLk××），采用平面注写方式，注写规则同框架梁，可采用适当比例单独绘制，也可与剪力墙平法施工图合并绘制。

墙梁侧面纵筋的配置，当墙身水平分布钢筋满足连梁、暗梁及边框梁的梁侧面纵向构造钢筋的要求时，该筋配置同墙身水平分布钢筋，表中不注，施工按标准构造详图的要求即可。当墙身水平分布钢筋不满足连梁、暗梁及边框梁的梁侧面纵向构造钢筋的要求时，应在表中补充注明梁侧面纵筋的具体数值；当为 LLk 时，平面注写方式以大写字母"N"打头。梁侧面纵向钢筋在支座内锚固要求同连梁中受力钢筋。

（6）采用列表注写方式分别表达剪力墙墙梁、墙身和墙柱的平法施工图示例，如图4-4 所示。

3. 截面注写方式

（1）截面注写方式，系在分标准层绘制的剪力墙平面布置图上，以直接在墙柱、墙身、墙梁上注写截面尺寸和配筋具体数值的方式来表达剪力墙平法施工图。

（2）选用适当比例原位放大绘制剪力墙平面布置图，其中对墙柱绘制配筋截面图；对所有墙柱、墙身、墙梁进行编号，并分别在相同编号的墙柱、墙身、墙梁中选择一根墙柱、一道墙身、一根墙梁进行注写，其注写方式按以下规定进行：

1) 从相同编号的墙柱中选择一个截面，注明几何尺寸，标注全部纵筋及箍筋的具体数值。

注：约束边缘构件（见图 4-1）除需注明阴影部分具体尺寸外，尚需注明约束边缘构件沿墙肢长度 l_c，约束边缘翼墙中沿墙肢长度尺寸为 $2b_f$ 时可不注。

2) 从相同编号的墙身中选择一道墙身，按顺序引注的内容为：墙身编号（应包括注写在括号内墙身所配置的水平与竖向分布钢筋的排数）、墙厚尺寸，水平分布钢筋、竖向分布钢筋和拉筋的具体数值。

3) 从相同编号的墙梁中选择一根墙梁，按顺序引注的内容为：

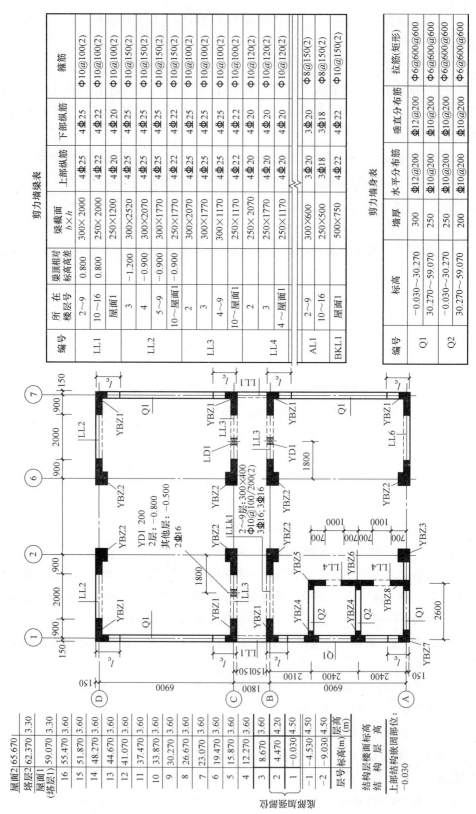

剪力墙梁表

编号	所在楼层号	梁顶相对标高高差	梁截面 $b \times h$	上部纵筋	下部纵筋	箍筋
LL1	2~9	0.800	300×2000	4Φ25	4Φ25	Φ10@100(2)
	10~16	0.800	250×2000	4Φ22	4Φ22	Φ10@100(2)
	屋面1		250×1200	4Φ20	4Φ20	Φ10@100(2)
LL2	3	-1.200	300×2520	4Φ25	4Φ25	Φ10@150(2)
	4	-0.900	300×2070	4Φ25	4Φ25	Φ10@150(2)
	5~9	-0.900	300×1770	4Φ25	4Φ25	Φ10@150(2)
	10~屋面1	-0.900	250×1770	4Φ22	4Φ22	Φ10@150(2)
LL3	2		300×2070	4Φ25	4Φ25	Φ10@100(2)
	3		300×1770	4Φ25	4Φ25	Φ10@100(2)
	4~9		300×1170	4Φ25	4Φ25	Φ10@100(2)
	10~屋面1		250×1170	4Φ22	4Φ22	Φ10@100(2)
LL4	2		250×2070	4Φ20	4Φ20	Φ10@120(2)
	3		250×1770	4Φ20	4Φ20	Φ10@120(2)
	4~屋面1		250×1170	4Φ20	4Φ20	Φ10@120(2)
AL1	2~9		300×600	3Φ20	3Φ20	Φ8@150(2)
	10~16		250×500	3Φ18	3Φ18	Φ8@150(2)
BKL1	屋面1		500×750	4Φ22	4Φ22	Φ10@150(2)

剪力墙身表

编号	标高	墙厚	水平分布筋	垂直分布筋	拉筋(矩形)
Q1	-0.030~30.270	300	Φ12@200	Φ12@200	Φ6@600@600
	30.270~59.070	250	Φ10@200	Φ10@200	Φ6@600@600
Q2	-0.030~30.270	250	Φ10@200	Φ10@200	Φ6@600@600
	30.270~59.070	200	Φ10@200	Φ10@200	Φ6@600@600

图 4-4 剪力墙平法施工图列表注写方式示例

剪力墙柱表

	YBZ1	YBZ2	YBZ3	YBZ4
截面				
编号	YBZ1	YBZ2	YBZ3	YBZ4
标高	-0.030~12.270	-0.030~12.270	-0.030~12.270	-0.030~12.270
纵筋	24Φ20	22Φ20	18Φ22	20Φ20
箍筋	Φ10@100	Φ10@100	Φ10@100	Φ10@100
截面				
编号	YBZ5	YBZ6		YBZ7
标高	-0.030~12.270	-0.030~12.270		-0.030~12.270
纵筋	20Φ20	28Φ20		16Φ20
箍筋	Φ10@100	Φ10@100		Φ10@100

结构层楼面标高
结构层高

层号	标高(m)	层高(m)
屋面2	65.670	
塔层2	62.370	3.30
屋面1(塔层1)	59.070	3.30
16	55.470	3.60
15	51.870	3.60
14	48.270	3.60
13	44.670	3.60
12	41.070	3.60
11	37.470	3.60
10	33.870	3.60
9	30.270	3.60
8	26.670	3.60
7	23.070	3.60
6	19.470	3.60
5	15.870	3.60
4	12.270	3.60
3	8.670	4.20
2	4.470	4.50
1	-0.030	4.50
-1	-4.530	4.50
-2	-9.030	4.20

上部结构嵌固部位标高：-0.030

图 4-4 剪力墙平法施工图列表注写方式示例（续）

注：1. 可在"结构层楼面标高、结构层高表"中增加混凝土强度等级等栏目。
2. 图中 l_c 为约束边缘构件沿墙肢的伸出长度（实际工程中应注明具体值）。

① 注写墙梁编号、墙梁截面尺寸 $b×h$、墙梁箍筋、上部纵筋、下部纵筋和墙梁顶面标高高差的具体数值。

② 当连梁设有对角暗撑时［代号为 LL（JC）××］，注写暗撑的截面尺寸（箍筋外皮尺寸）；注写一根暗撑的全部纵筋，并标注×2 表明有两根暗撑相互交叉；注写暗撑箍筋的具体数值。

③ 当连梁设有交叉斜筋时［代号为 LL（JX）××］，注写连梁一侧对角斜筋的配筋值，并标注×2 表明对称设置；注写对角斜筋在连梁端部设置的拉筋根数、规格及直径，并标注×4 表示四个角都设置；注写连梁一侧折线筋配筋值，并标注×2 表明对称设置。

④ 当连梁设有集中对角斜筋时［代号为 LL（DX）××］，注写一条对角线上的对角斜筋，并标注×2 表明对称设置。

⑤ 跨高比不小于 5 的连梁，按框架梁设计时（代号为 LLk××），采用平面注写方式，注写规则同框架梁，可采用适当比例单独绘制，也可与剪力墙平法施工图合并绘制。

当墙身水平分布钢筋不能满足连梁、暗梁及边框梁的梁侧面纵向构造钢筋的要求时，应补充注明梁侧面纵筋的具体数值；注写时，以大写字母 N 打头，接续注写直径与间距。其在支座内的锚固要求同连梁中受力钢筋。

（3）采用截面注写方式表达的剪力墙平法施工图示例见图 4-5。

4. 剪力墙洞口的表示方法

（1）无论采用列表注写方式还是截面注写方式，剪力墙上的洞口均可在剪力墙平面布置图上原位表达。

（2）洞口的具体表示方法：

1）在剪力墙平面布置图上绘制洞口示意，并标注洞口中心的平面定位尺寸。

2）在洞口中心位置引注四项内容，具体规定如下：

① 洞口编号：矩形洞口为 JD××（××为序号），圆形洞口为 YD××（××为序号）。

② 洞口几何尺寸：矩形洞口为洞宽×洞高（$b×h$），圆形洞口为洞口直径口。

③ 洞口中心相对标高，系相对于结构层楼（地）面标高的洞口中心高度。当其高于结构层楼面时为正值，低于结构层楼面时为负值。

④ 洞口每边补强钢筋，分以下几种不同情况：

a. 当矩形洞口的洞宽、洞高均不大于 800mm 时，此项注写为洞口每边补强钢筋的具体数值。当洞宽、洞高方向补强钢筋不一致时，分别注写洞宽方向、洞高方向补强钢筋，以"/"分隔。

b. 当矩形或圆形洞口的洞宽或直径大于 800mm 时，在洞口的上、下需设置补强暗梁，此项注写为洞口上、下每边暗梁的纵筋与箍筋的具体数值（在标准构造详图中，补强暗梁梁高一律定为 400mm，施工时按标准构造详图取值，设计不注。当设计者采用与该构造详图不同的做法时，应另行注明），圆形洞口时尚需注明环向加强钢筋的具体数值；当洞口上、下边为剪力墙连梁时，此项免注；洞口竖向两侧设置边缘构件时，亦不在此项

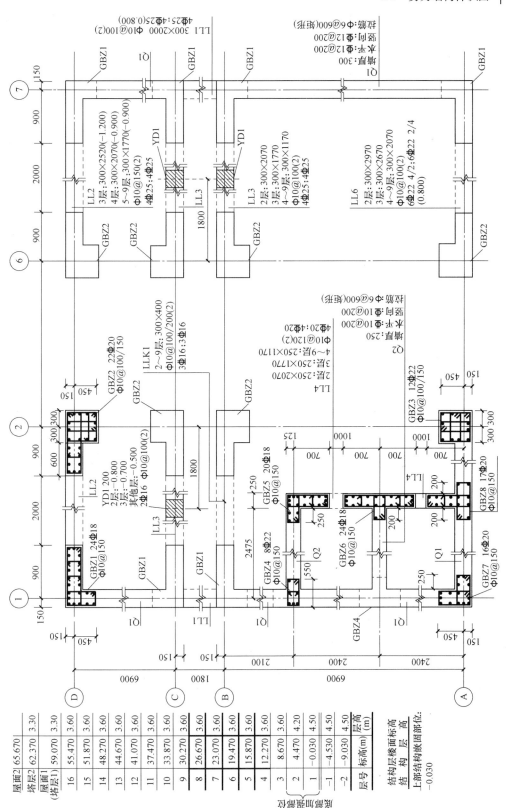

图 4-5 剪力墙平法施工图截面注写方式示例

表达（当洞口两侧不设置边缘构件时，设计者应给出具体做法）。

c. 当圆形洞口设置在连梁中部 1/3 范围（且圆洞直径不应大于 1/3 梁高）时，需注写在圆洞上下水平设置的每边补强纵筋与箍筋。

d. 当圆形洞口设置在墙身或暗梁、边框梁位置，且洞口直径不大于 300mm 时，此项注写为洞口上下左右每边布置的补强纵筋的具体数值。

e. 当圆形洞口直径大于 300mm，但不大于 800mm 时，此项注写为洞口上下左右每边布置的补强纵筋的具体数值，以及环向加强钢筋的具体数值。

5. 地下室外墙的表示方法

（1）本节地下室外墙仅适用于起挡土作用的地下室外围护墙。地下室外墙中墙柱、连梁及洞口等的表示方法同地上剪力墙。

（2）地下室外墙编号，由墙身代号序号组成。表达为：DWQ××。

（3）地下室外墙平面注写方式，包括集中标注墙体编号、厚度、贯通筋、拉筋等和原位标注附加非贯通筋等两部分内容。当仅设置贯通筋，未设置附加非贯通筋时，则仅做集中标注。

（4）地下室外墙的集中标注，规定如下：

1）注写地下室外墙编号，包括代号、序号、墙身长度（注为××～××轴）。

2）注写地下室外墙厚度 $b_w=×××$。

3）注写地下室外墙的外侧、内侧贯通筋和拉筋。

① 以 OS 代表外墙外侧贯通筋。其中，外侧水平贯通筋以 H 打头注写，外侧竖向贯通筋以 V 打头注写。

② 以 IS 代表外墙内侧贯通筋。其中，内侧水平贯通筋以 H 打头注写，内侧竖向贯通筋以 V 打头注写。

③ 以 tb 打头注写拉结筋直径、强度等级及间距，并注明"矩形"或"梅花"。

（5）地下室外墙的原位标注，主要表示在外墙外侧配置的水平非贯通筋或竖向非贯通筋。

当配置水平非贯通筋时，在地下室墙体平面图上原位标注。在地下室外墙外侧绘制粗实线段代表水平非贯通筋，在其上注写钢筋编号并以 H 打头注写钢筋强度等级、直径、分布间距，以及自支座中线向两边跨内的伸出长度值。当自支座中线向两侧对称伸出时，可仅在单侧标注跨内伸出长度，另一侧不注，此种情况下非贯通筋总长度为标注长度的 2 倍。边支座处非贯通钢筋的伸出长度值从支座外边缘算起。

地下室外墙外侧非贯通筋通常采用"隔一布一"方式与集中标注的贯通筋间隔布置，其标注间距应与贯通筋相同，两者组合后的实际分布间距为各自标注间距的 1/2。

当在地下室外墙外侧底部、顶部、中层楼板位置配置竖向非贯通筋时，应补充绘制地下室外墙竖向剖面图并在其上原位标注。表示方法为在地下室外墙竖向剖面图外侧绘制粗实线段代表竖向非贯通筋，在其上注写钢筋编号并以 V 打头注写钢筋强度等级、直径、分布间距，以及向上（下）层的伸出长度值，并在外墙竖向剖面图名下注明分布范围（××～××轴）。

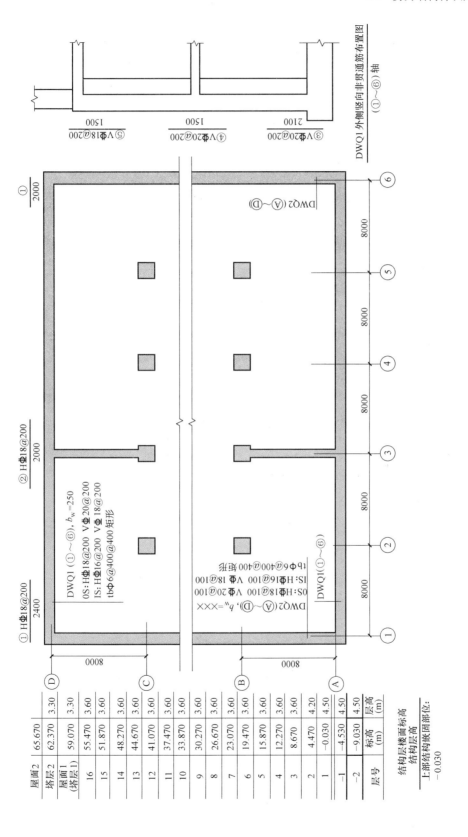

图 4-6 地下室外墙平法施工图平面注写示例

注：竖向非贯通筋向层内的伸出长度值注写方式：

    1. 地下室外墙底部非贯通钢筋向层内的伸出长度值从基础底板顶面算起。

    2. 地下室外墙顶部非贯通钢筋向层内的伸出长度值从顶板底面算起。

    3. 中层楼板处非贯通钢筋向层内的伸出长度值从板中间算起，当上下两侧伸出长度值相同时可仅注写一侧。

地下室外墙外侧水平、竖向非贯通筋配置相同者，可仅选择一处注写，其他可仅注写编号。

当在地下室外墙顶部设置水平通长加强钢筋时应注明。

设计时应注意：

1）设计者应按具体情况判定扶壁柱或内墙是否作为墙身水平方向支座，以选择合理的配筋方式。

2）在"顶板作为外墙的简支支承"、"顶板作为外墙的弹性嵌固支承（墙外侧竖向钢筋与板上部纵向受力钢筋搭接连接）"两种做法中，设计者应在施工中指定选用何种做法。

采用平面注写方式表达的地下室剪力墙平法施工图示例如图 4-6 所示。

4.1.2 剪力墙构件平法识图方法

1. 剪力墙墙身竖向分布钢筋在基础中的构造

剪力墙墙身竖向分布钢筋在基础中共有三种构造，如图 4-7 所示。

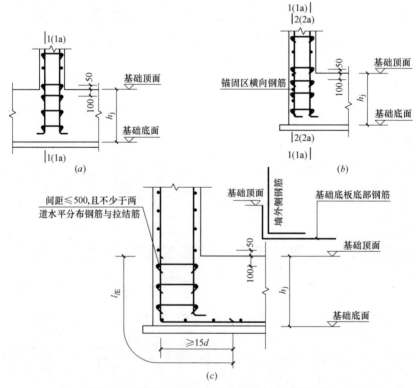

图 4-7 剪力墙墙身竖向分布钢筋在基础中构造

(a) 保护层厚度>5d；(b) 保护层厚度≤5d；(c) 搭接连接

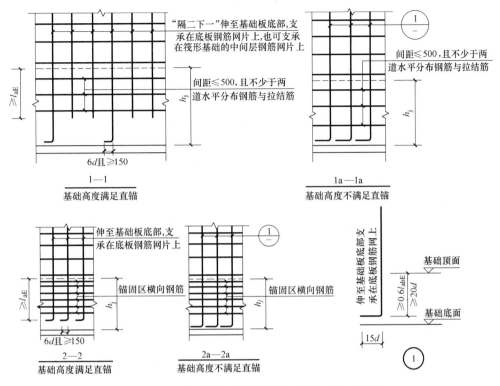

图 4-7　剪力墙墙身竖向分布钢筋在基础中构造（续）

（1）保护层厚度＞5d

墙身两侧竖向分布钢筋在基础中构造见"1—1"剖面，可分为下列两种情况：

1）基础高度满足直锚：墙身竖向分布钢筋"隔二下一"伸至基础板底部，支承在底板钢筋网片上，也可支承在筏形基础的中间层钢筋网片上，弯折 6d 且≥150mm；墙身竖向分布钢筋在柱内设置间距≤500mm，且不小于两道水平分布钢筋与拉结筋。

2）基础高度不满足直锚：墙身竖向分布钢筋伸至基础板底部，支承在底板钢筋网片上，且锚固垂直段≥0.6l_{abE}，≥20d，弯折 15d；墙身竖向分布钢筋在柱内设置间距≤500mm，且不小于两道水平分布钢筋与拉结筋。

（2）保护层厚度≤5d

墙身内侧竖向分布钢筋在基础中构造见图 4-7（a）中"1—1"剖面，情况同上，在此不再赘述。

墙身外侧竖向分布钢筋在基础中构造见"2—2"剖面，可分为下列两种情况：

1）基础高度满足直锚：墙身竖向分布钢筋伸至基础板底部，支承在底板钢筋网片上，弯折 6d 且≥150mm；墙身竖向分布钢筋在柱内设置锚固横向钢筋，锚固区横向钢筋应满足直径≥$d/4$（d 为纵筋最大直径），间距≤10d（d 为纵筋最小直径）且≤100mm 的要求。

2）基础高度不满足直锚：墙身竖向分布钢筋伸至基础板底部，支承在底板钢筋网片上，且锚固垂直段≥$0.6l_{abE}$，≥$20d$，弯折 $15d$；墙身竖向分布钢筋在柱内设置锚固横向钢筋，锚固区横向钢筋要求同上。

（3）搭接连接

基础底板下部钢筋弯折段应伸至基础顶面标高处，墙外侧纵筋伸至板底后弯锚、与底板下部纵筋搭接"l_{lE}"，且弯钩水平段≥$15d$；墙身竖向分布钢筋在基础内设置间距≤500mm，且不少于两道水平分布钢筋与拉结筋。

墙内侧纵筋在基础中的构造同上。

2. 剪力墙水平分布钢筋构造

剪力墙设有端柱、翼墙、转角墙时、边缘暗柱、无暗柱封边构造、斜交墙和扶壁柱等竖向约束边缘构件时，剪力墙水平分布钢筋构造要求的主要内容有：

（1）水平分布钢筋在端柱锚固构造

剪力墙设有端柱时，水平分布筋在端柱锚固的构造要求如图 4-8 所示。

端柱位于转角部位时，位于端柱宽出墙身一侧的剪力墙水平分布筋伸入端柱水平长度≥$0.6l_{abE}$，弯折长度 $15d$；当位于端柱纵向钢筋内侧的墙水平分布钢筋（端柱节点中图示黑色墙体水平分布钢筋）伸入端柱的长度≥l_{aE} 时，可直锚。位于端柱与墙身相平一侧的剪力墙水平分布筋绕过端柱阳角，与另一片墙段水平分布筋连接；也可不绕过端柱阳角，而直接伸至端柱角筋内侧向内弯折 $15d$。

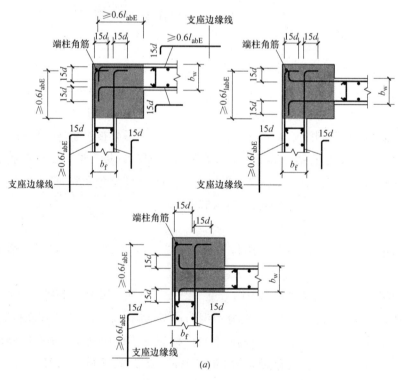

图 4-8 设置端柱时剪力墙水平分布钢筋锚固构造

（a）端柱转角墙

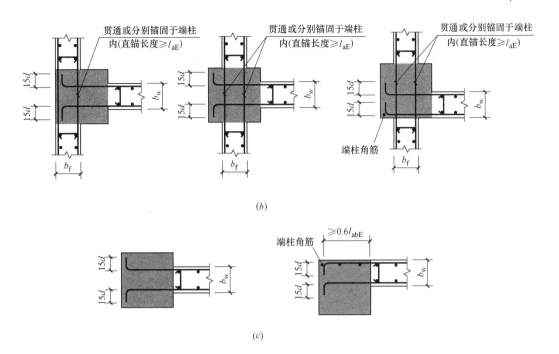

图 4-8　设置端柱时剪力墙水平分布钢筋锚固构造（续）

(b) 端柱翼墙；(c) 端柱端部墙

非转角部位端柱，剪力墙水平分布筋伸入端柱弯折长度 $15d$；当直锚深度 $\geqslant l_{aE}$ 时，可不设弯钩。

（2）水平分布钢筋在翼墙锚固构造

水平分布钢筋在翼墙的锚固构造要求如图 4-9 所示。

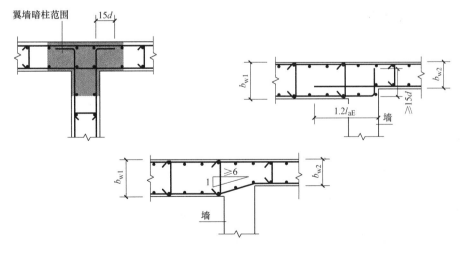

图 4-9　翼墙

　　翼墙两翼的墙身水平分布筋连续通过翼墙；翼墙肢部墙身水平分布筋伸至翼墙核心部位的外侧钢筋内侧，水平弯折 $15d$。

　　（3）水平分布钢筋在转角墙锚固构造

　　剪力墙水平分布钢筋在转角墙锚固构造要求如图 4-10 所示。

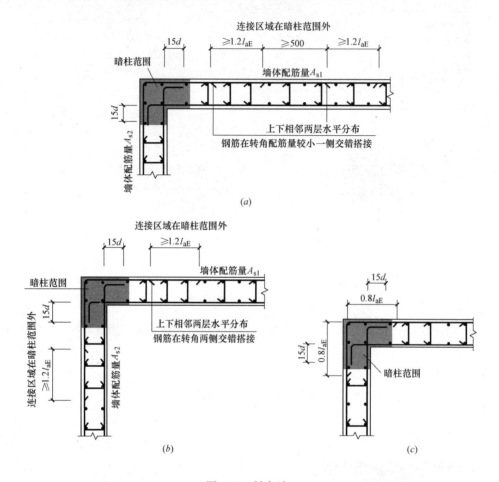

图 4-10　转角墙

　　图 4-10（a）：上下相邻两排水平分布筋在转角一侧交错搭接连接，搭接长度≥ $1.2l_{aE}$，搭接范围错开间距 500mm；墙外侧水平分布筋连续通过转角，在转角墙核心部位以外与另一片剪力墙的外侧水平分布筋连接，墙内侧水平分布筋伸至转角墙核心部位的外侧钢筋内侧，水平弯折 $15d$。

　　图 4-10（b）：上下相邻两排水平分布筋在转角两侧交错搭接连接，搭接长度≥ $1.2l_{aE}$；墙外侧水平分布筋连续通过转角，在转角墙核心部位以外与另一片剪力墙的外侧水平分布筋连接，墙内侧水平分布筋伸至转角墙核心部位的外侧钢筋内侧，水平弯折 $15d$。

　　图 4-10（c）：墙外侧水平分布筋在转角处搭接，搭接长度为 $1.6l_{aE}$，墙内侧水平分布

筋伸至转角墙核心部位的外侧钢筋内侧，水平弯折 15d。

（4）水平分布筋在端部无暗柱封边构造

剪力墙水平分布钢筋在端部无暗柱封边构造要求如图 4-11 所示。

剪力墙水平分布筋在端部无暗柱时，可采用在端部设置 U 形水平筋（目的是箍住边缘竖向加强筋），墙身水平分布筋与 U 形水平搭接；也可将墙身水平分布筋伸至端部弯折 10d。

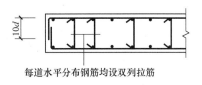

每道水平分布钢筋均设双列拉筋

图 4-11　无暗柱时水平分布钢筋锚固构造

（5）水平分布筋在端部有暗柱封边构造

剪力墙水平分布钢筋在端部有暗柱封边构造要求如图 4-12 所示。

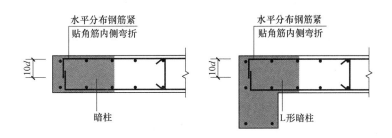

图 4-12　有暗柱时水平分布钢筋锚固构造

剪力墙水平分布筋伸至边缘暗柱（L 形暗柱）角筋外侧，弯折 10d。

（6）水平分布筋交错连接构造

剪力墙水平分布筋交错连接时，上下相邻的墙身水平分布筋交错搭接连接，搭接长度≥1.2l_{aE}，搭接范围交错≥500mm，如图 4-13 所示。

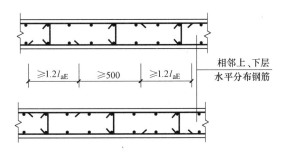

图 4-13　剪力墙水平钢筋交错搭接

（7）水平分布筋斜交墙构造

剪力墙斜交部位应设置暗柱，如图 4-14 所示。斜交墙外侧水平分布筋连续通过阳角，内侧水平分布筋在墙内弯折锚固长度为 15d。

（8）地下室外墙水平钢筋构造

地下室外墙水平钢筋构造如图 4-15 所示。

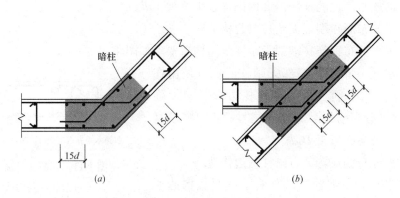

图 4-14 斜交墙暗柱

(a) 斜交转角墙；(b) 斜交翼墙

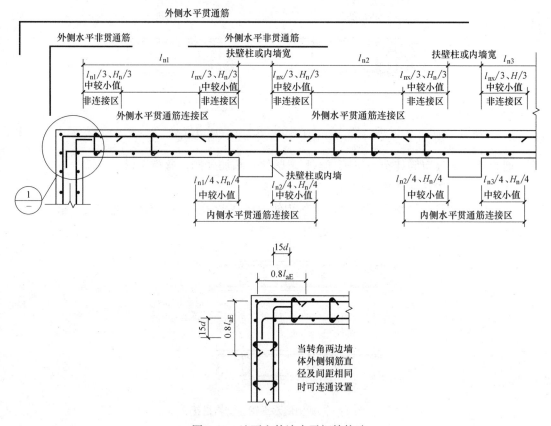

图 4-15 地下室外墙水平钢筋构造

1) 地下室外墙水平钢筋分为：外侧水平贯通筋、外侧水平非贯通筋，内侧水平贯通筋。

2) 角部节点构造（"①"节点）：地下室外墙外侧水平筋在角部搭接，搭接长度"$1.6l_{aE}$"——"当转角两边墙体外侧钢筋直径及间距相同时可连通设置"；地下室外墙内侧水平筋伸至对边后弯 15d 直钩。

3）外侧水平贯通筋非连接区：端部节点"$l_{n1}/3$，$H_n/3$ 中较小值"，中间节点"$l_{nx}/3$，$H_n/3$ 中较小值"；外侧水平贯通筋连接区为相邻"非连接区"之间的部分。（"l_{nx} 为相邻水平跨的较大净跨值，H_n 为本层净高"）

3. 剪力墙竖向分布钢筋构造

剪力墙竖向分布钢筋连接构造、变截面竖向分布筋构造、墙顶部竖向分布筋构造等内容，其主要内容有：

（1）竖向分布筋连接构造

剪力墙竖向分布钢筋通常采用搭接，机械和焊接连接三种连接方式，如图 4-16 所示。

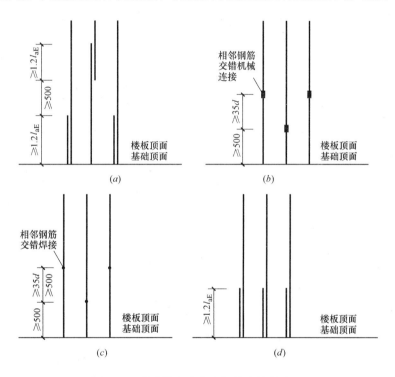

图 4-16　剪力墙竖向分布钢筋连接构造

图 4-16（a）：一、二级抗震等级剪力墙底部加强部位的剪力墙竖向分布钢筋可在楼层层间任意位置搭接连接，搭接长度为 $1.2l_{aE}$ 止，搭接接头错开距离 500mm，钢筋直径大于 28mm 时不宜采用搭接连接。

图 4-16（b）：当采用机械连接时，纵筋机械连接接头错开 35d；机械连接的连接点距离结构层顶面（基础顶面）或底面≥500。

图 4-16（c）：当采用焊接连接时，纵筋焊接连接接头错开 35d 且≥500mm；焊接连接的连接点距离结构层顶面（基础顶面）或底面≥500mm。

图 4-16（d）：一、二级抗震等级剪力墙非底部加强部位或三、四级抗震等级或非抗震的剪力墙身竖向分布钢筋可在楼层层间同一位置搭接连接，搭接长度为 $1.2l_{aE}$ 止，钢筋

直径大于 28mm 时不宜采用搭接连接。

(2) 变截面竖向分布筋构造

当剪力墙在楼层上下截面变化，变截面处的钢筋构造与框架柱相同。除端柱外，其他剪力墙柱变截面构造要求，如图 4-17 所示。

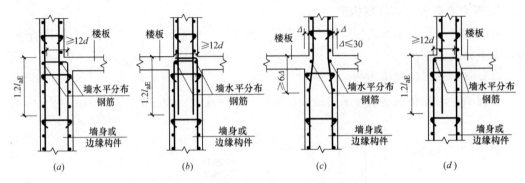

图 4-17　剪力墙变截面竖向钢筋构造

(a) 边梁非贯通连接；(b) 中梁非贯通连接；(c) 中梁贯通连接；(d) 边梁非贯通连接

变截面墙柱纵筋有两种构造形式：非贯通连接 [图 4-17 (a)、(b)、(d)] 和斜锚贯通连接 [图 4-17 (c)]。

当采用纵筋非贯通连接时，下层墙柱纵筋伸至基础内变截面处向内弯折 $12d$，至对面竖向钢筋处截断，上层纵筋垂直锚入下柱 $1.2l_{aE}$。

当采用斜弯贯通锚固时，墙柱纵筋不切断，而是以 1/6 钢筋斜率的方式弯曲伸到上一楼层。

(3) 墙身顶部钢筋构造

墙身顶部竖向分布钢筋构造，如图 4-18 所示。竖向分布筋伸至剪力墙顶部后弯折，弯折长度为 $12d$（$15d$），（括号内数值是考虑屋面板上部钢筋与剪力外侧竖向钢筋搭接传力时的做法）；当一侧剪力墙有楼板时，墙柱钢筋均向楼板内弯折，当剪力墙两侧均有楼板时，竖向钢筋可分别向两侧楼板内弯折。而当剪力墙竖向钢筋在边框梁中锚固时，构造特点为：直锚 l_{aE}。

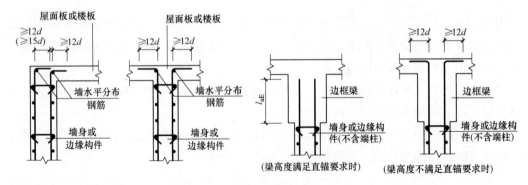

图 4-18　剪力墙竖向钢筋顶部构造

（4）地下室外墙竖向钢筋构造

地下室外墙竖向钢筋构造如图4-19所示。

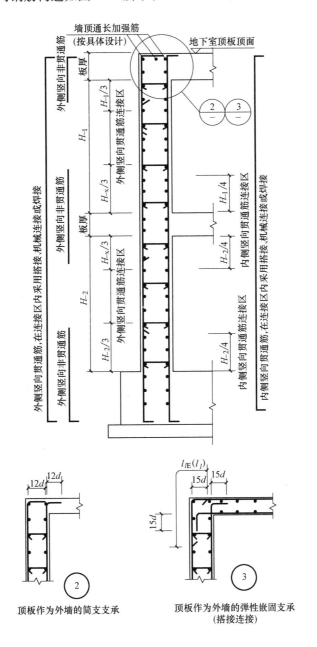

图4-19 地下室外墙竖向钢筋构造

1）地下室外墙竖向钢筋分为：外侧竖向贯通筋、外侧竖向非贯通筋，内侧竖向贯通筋，还有"墙顶通长加强筋"（按具体设计）。

2）角部节点构造：

"②"节点（顶板作为外墙的简支支承）：地下室外墙外侧和内侧竖向钢筋伸至顶板上

部弯 12d 直钩。

"③"节点（顶板作为外墙的弹性嵌固支承）：地下室外墙外侧竖向钢筋与顶板上部纵筋搭接"l_{lE}（l_l）"；顶板下部纵筋伸至墙外侧后弯 15d 直钩；地下室外墙内侧竖向钢筋伸至顶板上部弯 15d 直钩。

3）外侧竖向贯通筋非连接区：底部节点"$H_{-2}/3$"，中间节点为两个"$H_{-x}/3$"，顶部节点"$H_{-1}/3$"；外侧竖向贯通筋连接区为相邻"非连接区"之间的部分。（"H_{-x} 为 H_{-1} 和 H_{-2} 的较大值"）

内侧竖向贯通筋连接区：底部节点"$H_{-2}/4$"，中间节点：楼板之下部分"$H_{-2}/4$"，楼板之上部分"$H_{-1}/4$"。

4. 剪力墙柱柱身钢筋构造

（1）剪力墙边缘构件纵向钢筋连接构造

剪力墙边缘构件纵向钢筋连接构造如图 4-20 所示。

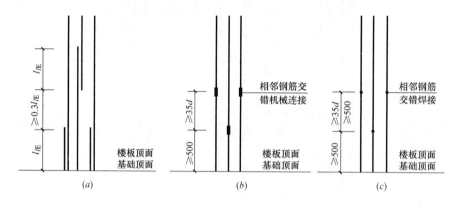

图 4-20　边缘构件钢筋纵向钢筋连接构造
（a）绑扎搭接；（b）机械连接；（c）焊接连接

图 4-20（a）：当采用绑扎搭接时，相邻钢筋交错搭接，搭接的长度≥l_{lE}，错开距离≥0.3l_{lE}。

图 4-20（b）：当采用机械连接时，纵筋机械连接接头错开 35d；机械连接的连接点距离结构层顶面（基础顶面）或底面≥500mm。

图 4-20（c）：当采用焊接连接时，纵筋焊接连接接头错开 35d 且≥500mm；焊接连接的连接点距离结构层顶面（基础顶面）或底面≥500mm。

（2）剪力墙约束边缘构件

剪力墙约束边缘构件（以 Y 字开头），包括约束边缘暗柱、约束边缘端柱、约束边缘翼墙、约束边缘转角墙四种，如图 4-21 所示。

左图——非阴影区设置拉筋：

非阴影区的配筋特点为加密拉筋：普通墙身的拉筋是"隔一拉一"或"隔二拉一"，而在这个非阴影区是每个竖向分布筋都设置拉筋。

右图——非阴影区设置封闭箍筋：

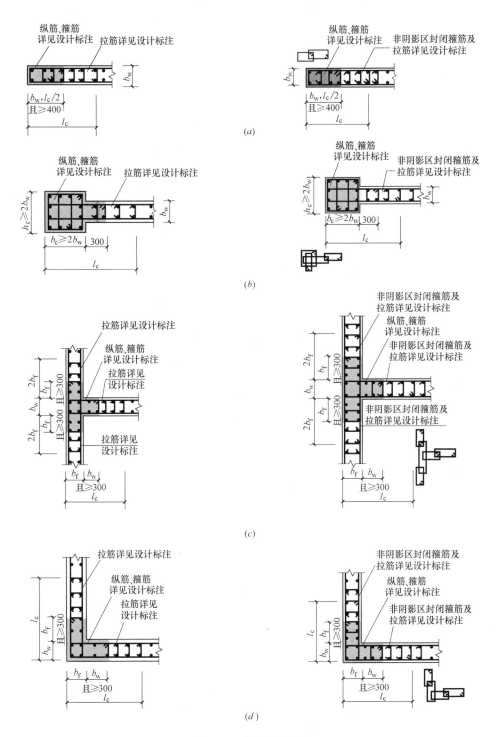

图 4-21 约束边缘构件

(a) 约束边缘暗柱；(b) 约束边缘端柱；(c) 约束边缘翼墙；(d) 约束边缘转角墙

当非阴影区设置外围封闭箍筋时，该封闭箍筋伸入到阴影区内一倍纵向钢筋间距，并箍住该纵向钢筋。封闭箍筋内设置拉筋，拉筋应同时钩住竖向钢筋和外封闭箍筋。

非阴影区外围是否设置封闭箍筋或满足条件时，由剪力墙水平分布筋替代，具体方案由设计确定。

其中，从约束边缘端柱的构造图中我们可以看出：阴影部分（即配箍区域），不但包括矩形柱的部分，而且还伸出一段翼缘，这段翼缘长度为300mm，但我们不能因此就判定约束边缘端柱的伸出翼缘一定为300mm，只能说，当设计上没有定义约束边缘端柱的翼缘长度时，我们就把端柱翼缘净长度定义为300mm；而当设计上有明确的端柱翼缘长度标注时，就按设计要求来处理。

（3）剪力墙水平分布钢筋计入约束边缘构件体积配箍率的构造

剪力墙水平分布钢筋计入约束边缘构件体积配箍率的构造做法如图4-22所示。

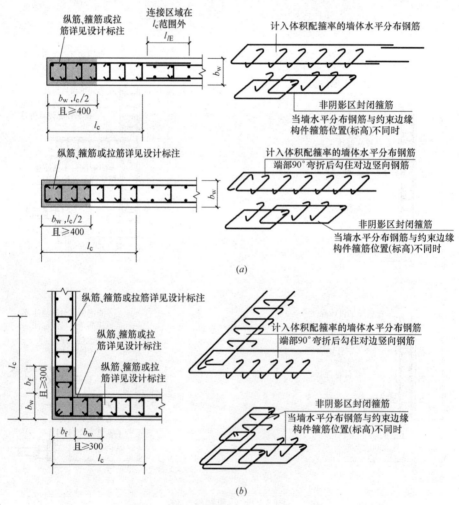

图4-22 剪力墙水平钢筋计入约束边缘构件体积配箍率的构造做法

（a）约束边缘暗柱；（b）约束边缘转角墙

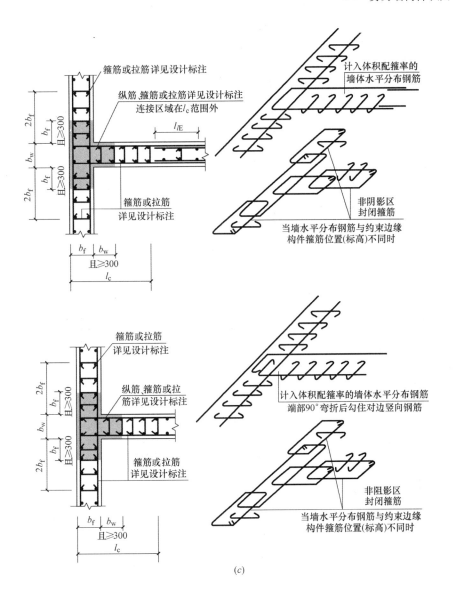

图 4-22　剪力墙水平钢筋计入约束边缘构件体积配箍率的构造做法（续）

（c）约束边缘翼墙

约束边缘阴影区的构造特点为：水平分布筋和暗柱箍筋"分层间隔"布置，及一层水平分布筋、一层箍筋，再一层水平分布筋、一层箍筋……依次类推。计入的墙水平分布钢筋的体积配箍率不应大于总体积配箍率的 30%。

约束边缘非阴影区构造做法同上。

（4）剪力墙构造边缘构件

剪力墙构造边缘构件（以 G 字开头），包括构造边缘暗柱、构造边缘端柱、构造边缘翼墙、构造边缘转角墙四种，如图 4-23 所示。

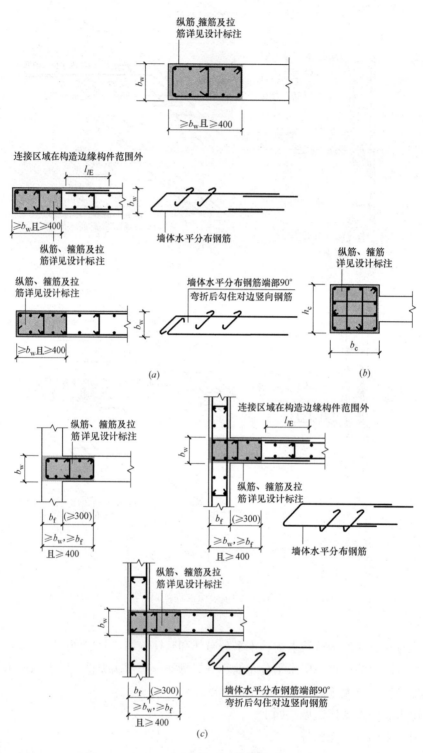

图 4-23 剪力墙构造边缘构件

(a) 构造边缘暗柱；(b) 构造边缘端柱；(c) 构造边缘翼墙

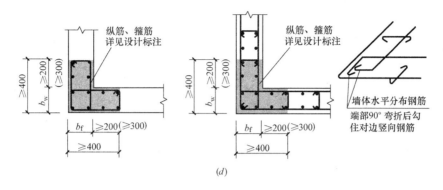

图 4-23　剪力墙构造边缘构件（续）

(d) 构造边缘转角墙

1）图 4-23（a）：构造边缘暗柱的长度≥墙厚且≥400mm。

2）图 4-23（b）：构造边缘端柱仅在矩形柱范围内布置纵筋和箍筋，其箍筋布置为复合箍筋。需要注意的是图中端柱断面图中未规定端柱伸出的翼缘长度，也没有在伸出的翼缘上布置箍筋，但不能因此断定构造边缘端柱就一定没有翼缘。

3）图 4-23（c）：构造边缘翼墙的长度≥墙厚，≥邻边墙厚且≥400mm。

4）图 4-23（d）：构造边缘转角墙每边长度＝邻边墙厚＋200（或 300）≥400mm。

5）括号内数字用于高层建筑。

5. 剪力墙连梁钢筋构造

剪力墙连梁设置在剪力墙洞口上方，连接两片剪力墙，宽度与剪力墙同厚。连梁有单洞口连梁与双洞口连梁两种情况。

（1）单洞口连梁构造

当洞口两侧水平段长度不能满足连梁纵筋直锚长度≥max（l_{aE}，600）的要求时，可采用弯锚形式，连梁纵筋伸至墙外侧纵筋内侧弯锚，竖向弯折长度为 15d（d 为连梁纵筋直径），如图 4-24（a）所示。

洞口连梁下部纵筋和上部纵筋锚入剪力墙内的长度要求为 max（l_{aE}，600），如图 4-24（a）所示。

（2）双洞口连梁

当两洞口的洞间墙长度不能满足两侧连梁纵筋直锚长度 min（l_{aE}，1200）的要求时，可采用双洞口连梁，如图 4-25 所示。其构造要求为：连梁上部、下部、侧面纵筋连续通过洞间墙，上下部纵筋锚入剪力墙内的长度要求为 max（l_{aE}，600）。

（3）剪力墙连梁、暗梁、边框梁侧面纵筋和拉筋构造

剪力墙连梁 LL、暗梁 AL、边框梁 BKL 侧面纵筋和拉筋构造如图 4-26 所示。

1）剪力墙的竖向钢筋应连续穿越边框梁和暗梁。

2）若墙梁纵筋不标注，则表示墙身水平分布筋可伸入墙梁侧面作为其侧面纵筋使用。

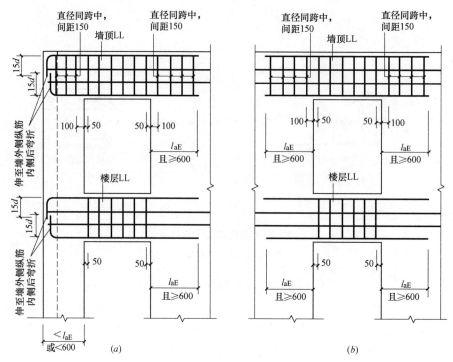

图 4-24　单洞口连梁钢筋构造

（a）墙端部洞口连梁构造；（b）墙中部洞口连梁构造

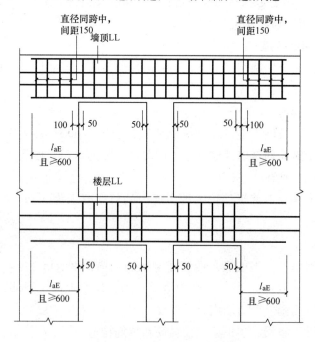

图 4-25　双洞口连梁构造

3）当设计未注明连梁、暗梁和边框梁的拉筋时，应按下列规定取值：当梁宽≤350mm 时为 6mm，梁宽>350mm 时为 8mm；拉筋间距为两倍箍筋间距，竖向沿侧面水平筋隔一拉一。

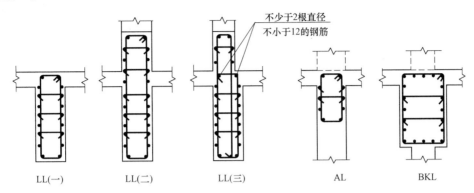

图 4-26　剪力墙连梁 LL、暗梁 AL、边框梁 BKL 侧面纵筋和拉筋构造

(4) 剪力墙连梁 LLk 纵向钢筋、箍筋加密区构造

剪力墙连梁 LLk 纵向配筋构造如图 4-27 所示，箍筋加密区构造如图 4-28 所示。

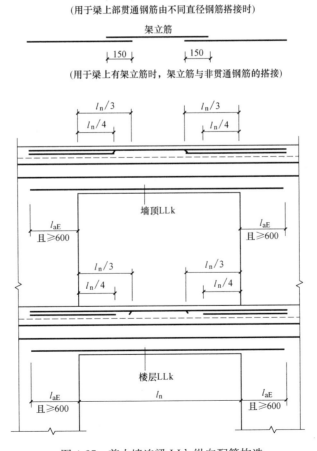

图 4-27　剪力墙连梁 LLk 纵向配筋构造

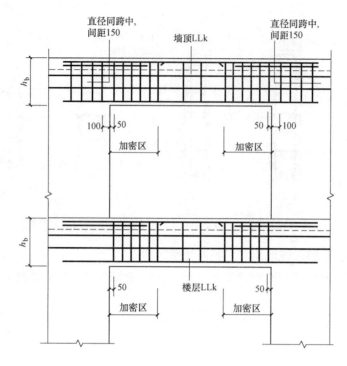

图 4-28 剪力墙连梁 LLk 箍筋加密区构造

1）箍筋加密范围

一级抗震等级：加密区长度为 max（$2h_b$，500）；

二至四级抗震等级：加密区长度为 max（1.5h_b，500）。其中，h_b 为梁截面高度。

2）梁上部通长钢筋与非贯通钢筋直径相同时，连接位置宜位于跨中 $l_n/3$ 范围内；梁下部钢筋连接位置宜位于支座 $l_n/3$ 范围内；且在同一连接区段内钢筋接头面积百分率不宜大于 50%。

3）当梁纵筋（不包括架立筋）采用绑扎搭接接长时，搭接区内箍筋直径不小于 $d/4$（d 为搭接钢筋最大直径），间距不应大于 100mm 及 5d（d 为搭接钢筋最小直径）。

（5）连梁交叉斜筋配筋构造

当洞口连梁截面宽度≥250mm 时，连梁中应根据具体条件设置斜向交叉斜筋配筋，如图 4-29 所示。斜向交叉钢筋锚入连梁支座内的锚固长度应≥max（l_{aE}，600）；交叉斜筋配筋连梁的对角斜筋在梁端部应设置拉筋，具体值见设计标注。

交叉斜筋配筋连梁的水平钢筋及箍筋形成的钢筋网之间应采用拉筋拉结，拉筋直径不宜小于 6mm，间距不宜大于 400mm。

（6）连梁对角配筋构造

当连梁截面宽度≥400mm 时，连梁中应根据具体条件设置集中对角斜筋配筋或对角暗撑配筋，如图 4-30 所示。

集中对角斜筋配筋连梁构造如图 4-30（a）所示，应在梁截面内沿水平方向及竖直方向设置双向拉筋，拉筋应勾住外侧纵向钢筋，间距不应大于 200mm，直径不应小于

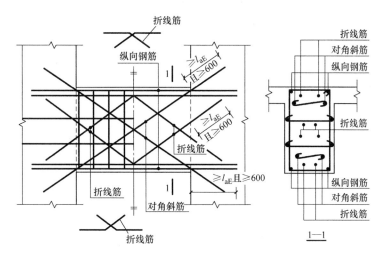

图 4-29 连梁交叉斜筋配筋构造

8mm。集中对角斜筋锚入连梁支座内的锚固长度≥max（l_{aE}，600）。

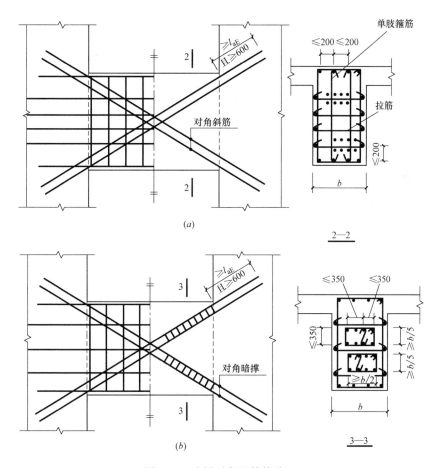

图 4-30 连梁对角配筋构造

（a）对角斜筋配筋；（b）对角暗撑配筋

对角暗撑配筋连梁构造如图 4-30（b）所示，其箍筋的外边缘沿梁截面宽度方向不宜小于连梁截面宽度的 1/2，另一方向不宜小于 1/5；对角暗撑约束箍筋肢距不应大于 350mm。当为抗震设计时，暗撑箍筋在连梁支座位置 600mm 范围内进行箍筋加密；对角交叉暗撑纵筋锚入连梁支座内的锚固长度 $\geqslant$ max（l_{aE}，600）。其水平钢筋及箍筋形成的钢筋网之间应采用拉筋拉结，拉筋直径不宜小于 6mm，间距不宜大于 400mm。

6. 剪力墙边框梁或暗梁与连梁重叠钢筋构造

暗梁或边框梁和连梁重叠的特点一般是两个梁顶标高相同，而暗梁的截面高度小于连梁，所以连梁的下部纵筋在连梁内部穿过，因此，搭接时主要应关注暗梁或边框梁与连梁上部纵筋的处理方式。

顶层边框梁或暗梁与连梁重叠时配筋构造，见图 4-31。

楼层边框梁或暗梁与连梁重叠时配筋构造，见图 4-32。

从"1—1"断面图可以看出重叠部分的梁上部纵筋：

第一排上部纵筋为 BKL 或 AL 的上部纵筋。

第二排上部纵筋为"连梁上部附加纵筋，当连梁上部纵筋计算面积大于边框梁或暗梁时需设置"。

连梁上部附加纵筋、连梁下部纵筋的直锚长度为"l_{aE} 且 $\geqslant$600mm"

以上是 BKL 或 AL 的纵筋与 LL 纵筋的构造。至于它们的箍筋：

由于 LL 的截面宽度与 AL 相同（LL 的截面高度大于 AL），所以重叠部分的 LL 箍筋兼做 AL 箍筋。但是 BKL 就不同，BKL 的截面宽度大于 LL，所以 BKL 与 LL 的箍筋是各布各的，互不相干。

7. 剪力墙洞口补强钢筋构造

（1）剪力墙矩形洞口补强钢筋构造

剪力墙由于开矩形洞口，需补强钢筋，当设计注写补强纵筋具体数值时，按设计要求，当设计未注明时，依据洞口宽度和高度尺寸，按以下构造要求：

1）剪力墙矩形洞口宽度和高度均不大于 800mm

剪力墙矩形洞口宽度、高度不大于 800mm 时的洞口需补强钢筋，如图 4-33 所示。

洞口每侧补强钢筋按设计注写值。补强钢筋两端锚入墙内的长度为 l_{aE}，洞口被切断的钢筋设置弯钩，弯钩长度为过墙中线加 5d（即墙体两面的弯钩相互交错 10d），补强纵筋固定在弯钩内侧。

2）剪力墙矩形洞口宽度或高度均大于 800mm

剪力墙矩形洞口宽度或高度均大于 800mm 时的洞口需补强暗梁，如图 4-34 所示，配筋具体数值按设计要求。

当洞口上边或下边为连梁时，不再重复补强暗梁，洞口竖向两侧设置剪力墙边缘构件。洞口被切断的剪力墙竖向分布钢筋设置弯钩，弯钩长度为 15d，在暗梁纵筋内侧锚入梁中。

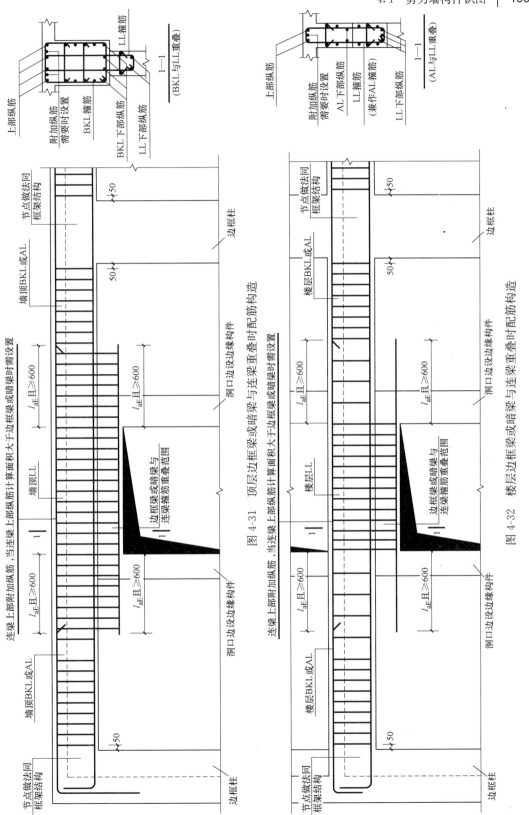

图 4-31 顶层边框梁或暗梁与连梁重叠时配筋构造

图 4-32 楼层边框梁或暗梁与连梁重叠时配筋构造

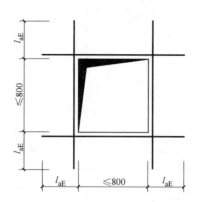

图 4-33 剪力墙矩形洞口补强钢筋构造
（剪力墙矩形洞口宽度和高度均不大于 800mm）

图 4-34 剪力墙矩形洞口补强钢筋构造
（剪力墙矩形洞口宽度和高度均大于 800mm）

（2）剪力墙圆形洞口补强钢筋构造

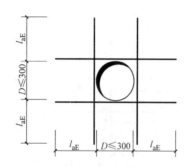

图 4-35 剪力墙圆形洞口补强钢筋构造
（圆形洞口直径不大于 300mm）

1）剪力墙圆洞口直径不大于 300mm

剪力墙圆形洞口直径不大于 300mm 时的洞口需补强钢筋。剪力墙水平分布筋与竖向分布筋遇洞口不截断，均绕洞口边缘通过；或按设计标注在洞口每侧补强纵筋，锚固长度为两边均不小于 l_{aE}，如图 4-35 所示。

2）剪力墙圆形洞口直径大于 300mm 且小于等于 800mm

剪力墙圆形洞口直径大于 300mm 且小于等于 800mm 的洞口需补强钢筋。洞口每侧补强钢筋设计标注内容，锚固长度为均应≥l_{aE}，如图 4-36 所示。

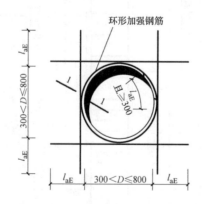

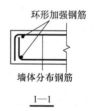

图 4-36 剪力墙圆形洞口补强钢筋构造
（圆形洞口直径大于 300mm 且小于等于 800mm）

3）剪力墙圆形洞口直径大于 800mm

剪力墙圆形洞口直径大于 800mm 时的洞口需补强钢筋。当洞口上边或下边为剪力墙连梁时，不再重复设置补强暗梁。洞口每侧补强钢筋设计标注内容，锚固长度为均应≥ max（l_{aE}，300），如图 4-37 所示。

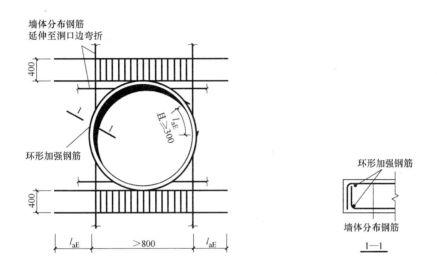

图 4-37 剪力墙圆形洞口补强钢筋构造

（圆形洞口直径大于 800mm）

（3）连梁中部洞口

连梁中部有洞口时，洞口边缘距离连梁边缘不小于 max（$h/3$，200）。洞口每侧补强纵筋与补强箍筋按设计标注，补强钢筋的锚固长度为不小于 l_{aE}，如图 4-38 所示。

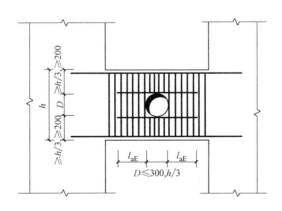

图 4-38 剪力墙连梁洞口补强钢筋构造

4.2 剪力墙钢筋下料计算

4.2.1 顶层墙竖向钢筋下料

1. 绑扎搭接

当暗柱采用绑扎搭接接头时，顶层构造如图 4-39 所示。

（1）计算长度

$$长筋长度＝顶层层高－顶层板厚＋顶层锚固总长度 \, l_{aE} \qquad (4-1)$$

$$短筋长度＝顶层层高－顶层板厚－(1.2l_{aE}＋500)＋顶层锚固总长度 \, l_{aE} \qquad (4-2)$$

（2）下料长度

$$长筋长度＝顶层层高－顶层板厚＋顶层锚固总长度 \, l_{aE}－90°差值 \qquad (4-3)$$

$$短筋长度＝顶层层高－顶层板厚－(1.2l_{aE}＋500)＋顶层锚固总长度 \, l_{aE}－90°差值$$

$$(4-4)$$

2. 机械或焊接连接

当暗柱采用机械或焊接连接接头时，顶层构造如图 4-40 所示。

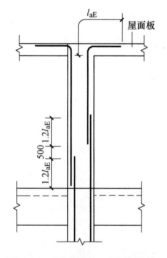

图 4-39　顶层暗柱（绑扎搭接）

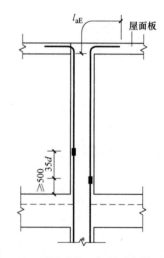

图 4-40　顶层暗柱（机械或焊接连接）

（1）计算长度

$$长筋长度＝顶层层高－顶层板厚－500＋顶层锚固总长度 \, l_{aE} \qquad (4-5)$$

$$短筋长度＝顶层层高－顶层板厚－500－35d＋顶层锚固总长度 \, l_{aE} \qquad (4-6)$$

（2）下料长度

$$长筋长度＝顶层层高－顶层板厚－500＋顶层锚固总长度 \, l_{aE}－90°差值 \qquad (4-7)$$

$$短筋长度＝顶层层高－顶层板厚－500－35d＋顶层锚固总长度 \, l_{aE}－90°差值 \qquad (4-8)$$

4.2.2 剪力墙边墙墙身竖向钢筋下料

1. 边墙墙身外侧和中墙顶层竖向筋

由于长、短筋交替放置，所以有长 L_1 和短 L_1 之分。边墙外侧筋和中墙筋的计算法相同，它们共同的计算公式，列在表 4-3 中。

剪力墙边墙（贴墙外侧）、中墙墙身顶层竖向分布筋　　　　　表 4-3

抗震等级	连接方法	d/mm	钢筋级别	长 L_1	短 L_1	钩	L_2
一、二	搭接	≤28	HRB335、HRB400	层高－保护层	层高－$1.3l_{lE}$－保护层	—	l_{aE}－顶板厚＋保护层
			HPB300	层高－保护层＋$5d$ 直钩	层高－$1.3l_{lE}$－保护层＋$5d$ 直钩	$5d$	
三、四	搭接	≤28	HRB335、HRB400	层高－保护层	无短 L_1	—	
			HPB300	层高－保护层＋$5d$ 直钩		$5d$	
一、二、三、四	机械连接	>28	HPB300、HRB335、HRB400	层高－500－保护层	层高－500－$35d$－保护层	—	

注：搭接且为 HPB300 级钢筋的长 L_1、短 L_1，均有为直角的"钩"。

从表 4-3 中可以看出，长 L_1 和短 L_1 是随着抗震等级、连接方法、直径大小和钢筋级别的不同而不同。但是，它们的 L_2 却都是相同的。

边墙外侧和中墙的顶层钢筋如图 4-41 所示。图 4-41 的左方是边墙的外侧顶层筋图，右方是中墙的顶层筋图。

表 4-3 中有 l_{lE}，在表 1-33 中有它的使用数据。

图 4-42 是边墙中的顶层侧筋，表 4-4 是它的计算公式。

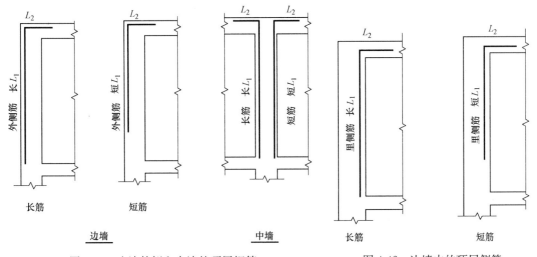

图 4-41　边墙外侧和中墙的顶层钢筋　　　　图 4-42　边墙中的顶层侧筋

剪力墙边墙墙身顶层（贴墙里侧）竖向分布筋 表 4-4

抗震等级	连接方法	d/mm	钢筋级别	长 L_1	短 L_1	钩	L_2
一、二	搭接	≤28	HRB335、HRB400	层高－保护层－d－30	层高－1.3l_{lE}－d－30－保护层	—	l_{aE}－顶板厚＋保护层＋d＋30
			HPB300	层高－保护层－d－30＋5d 直钩	层高－1.3l_{lE}－d－30＋5d 直钩－保护层	5d	
三、四	搭接	≤28	HRB335、HRB400	层高－保护层－d－30	无短 L_1	—	
			HPB300	层高－保护层－d－30＋5d 直钩		5d	
一、二、三、四	机械连接	>28	HPB300、HRB335、HRB400	层高－500－保护层－d－30	层高－500－35d－保护层－d－30	—	

注：搭接且为 HPB300 级钢筋的长 L_1、短 L_1，均有为直角的"钩"。

2. 边墙和中墙的中、底层竖向钢筋

表 4-5 中列出了边墙和中墙的中、底层竖向筋的计算方法。图 4-43 是表 4-3 的图解说明。在连接方法中，机械连接不需要搭接，所以，中、底层竖向筋的长度就等于层高。搭接就不一样，它需要一样搭接长度 l_{lE}。但是，如果搭接的钢筋是 HPB300 级钢筋，它的端头需要加工成 90°弯钩，钩长 5d。注意，机械连接适用于钢筋直径大于 28mm。

剪力墙边墙和中墙墙身的中、底层竖向筋 表 4-5

抗震等级	连接方法	d/mm	钢筋级别	钩	L_2
一、二	搭接	≤28	HRB335、HRB400	—	层高＋l_{lE}
			HPB300	5d（直钩）	层高＋l_{lE}
三、四	搭接	≤28	HRB335、HRB400	—	层高＋l_{lE}
			HPB300	5d（直钩）	层高＋l_{lE}
一、二、三、四	机械连接	>28	HPB300、HRB335、HRB400	—	层高

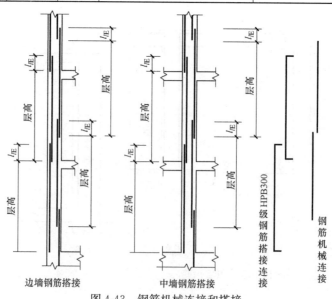

图 4-43 钢筋机械连接和搭接

4.2.3　剪力墙暗柱竖向钢筋下料

1. 约束边缘构件

为了方便计算，将各种形式下的约束边缘暗柱顶层竖向钢筋下料长度总结为公式，见表4-6，剪力墙约束边缘暗柱中、底层竖向钢筋计算公式见表4-7，剪力墙约束边缘暗柱基础插筋计算公式见表4-8，供大家计算时查阅使用。

剪力墙约束边缘暗柱顶层外侧及内侧竖向分布钢筋计算公式　　表4-6

部位	抗震等级	连接方法	钢筋直径	钢筋级别	计算公式
外侧	一、二级抗震	搭接	$d \leqslant 28$	HPB300级	长筋=顶层室内净高+l_{aE}+6.25d-90°外皮差值
					短筋=顶层室内净高-0.2l_{aE}+6.25d-500-90°外皮差值
				HRB335、HRB400级	长筋=顶层室内净高+l_{aE}-90°外皮差值
					短筋=顶层室内净高-0.2l_{aE}-500-90°外皮差值
内侧	一、二级抗震	搭接	$d \leqslant 28$	HPB300级	长筋=顶层室内净高+l_{aE}+6.25d-(d+30)-90°外皮差值
					短筋=顶层室内净高-0.2l_{aE}+6.25d-500-(d+30)-90°外皮差值
				HRB335、HRB400级	长筋=顶层室内净高+l_{aE}-90°外皮差值-(d+30)
					短筋=顶层室内净高-0.2l_{aE}-500-(d+30)-90°外皮差值
外侧	一、二、三、四级	机械连接	$d > 28$	HPB300、HRB335、HRB400级	长筋=顶层室内净高+l_{aE}-500-90°外皮差值
					短筋=顶层室内净高+l_{aE}-500-35d-90°外皮差值
内侧					长筋=顶层室内净高+l_{aE}-500-(d+30)-90°外皮差值
					短筋=顶层室内净高+l_{aE}-500-35d-(d+30)-90°外皮差值

剪力墙约束边缘暗柱中、底层竖向钢筋计算公式　　表4-7

抗震等级	连接方法	钢筋直径	钢筋级别	计算公式
一、二级抗震	搭接	$d \leqslant 28$	HPB300级	层高+1.2l_{aE}+6.25d
			HRB335、HRB400级	层高+1.2l_{aE}
一、二、三、四级	机械连接	$d > 28$	HPB300、HRB335、HRB400级	层高

剪力墙约束边缘暗柱基础插筋计算公式　　表4-8

抗震等级	连接方法	钢筋直径	钢筋级别	计算公式
一、二级抗震	搭接	$d \leqslant 28$	HPB300级	长筋=2.4l_{aE}+500+基础构件厚+12d+6.25d-90°外皮差值
				短筋=基础构件厚+12d+12.5d-1个保护层
			HRB335、HRB400级	长筋=1.2l_{aE}+基础构件厚+6.25d-90°外皮差值
				短筋=1.2l_{aE}+基础构件厚+12d-90°外皮差值
一、二、三、四级	机械连接	$d > 28$	HPB300、HRB335、HRB400级	长筋=35d+500+基础构件厚+12d-90°外皮差值
				短筋=500+基础构件厚+12d-90°外皮差值

2. 构造边缘构件

为了方便计算，将各种形式下的构造边缘暗柱顶层竖向钢筋下料长度总结为公式，见

表 4-9，剪力墙构造边缘暗柱中、底层竖向钢筋计算公式见表 4-10，剪力墙构造边缘暗柱基础插筋计算公式见表 4-11，供大家计算时查阅使用。

剪力墙构造边缘暗柱顶层外侧及内侧竖向分布钢筋计算公式 表 4-9

部位	抗震等级	连接方法	钢筋直径	钢筋级别	计算公式
外侧	一、二级抗震	搭接	$d \leqslant 28$	HPB300 级	长筋＝顶层室内净高＋l_{aE}＋6.25d－90°外皮差值－(d＋30)
					短筋＝顶层室内净高－0.2l_{aE}＋6.25d－500mm－90°外皮差值
				HRB335、HRB400 级	长筋＝顶层室内净高＋l_{aE}－90°外皮差值
					短筋＝顶层室内净高－0.2l_{aE}－500mm－90°外皮差值
内侧	三、四级抗震	搭接	$d \leqslant 28$	HPB300 级	长筋＝顶层室内净高＋l_{aE}＋6.25d－(d＋30)－90°外皮差值
					短筋＝顶层室内净高－0.2l_{aE}＋6.25d－500mm－(d＋30)－90°外皮差值
				HRB335、HRB400 级	长筋＝顶层室内净高＋l_{aE}－90°外皮差值－(d＋30)
					短筋＝顶层室内净高－0.2l_{aE}－500mm－(d＋30)－90°外皮差值

剪力墙构造边缘暗柱中、底层竖向钢筋计算公式 表 4-10

抗震等级	连接方法	钢筋直径	钢筋级别	计算公式
一、二级抗震	搭接	$d \leqslant 28$	HPB300 级	层高＋1.2l_{aE}＋6.25d
			HRB335、HRB400 级	层高＋1.2l_{aE}

剪力墙构造边缘暗柱基础插筋计算公式 表 4-11

抗震等级	连接方法	钢筋直径	钢筋级别	计算公式
一、二级抗震	搭接	$d \leqslant 28$	HPB300 级	长筋＝2.4l_{aE}＋500＋基础构件厚＋12d＋6.25d
				短筋＝1.2l_{aE}＋基础构件厚＋12d＋6.25d
			HRB335、HRB400 级	长筋＝1.2l_{aE}＋基础构件厚＋12d－1 个保护层－90°外皮差值
				短筋＝2.4l_{aE}＋500＋基础构件厚＋12d－90°外皮差值

4.2.4 剪力墙墙身水平钢筋下料

1. 端部无暗柱时剪力墙水平分布筋下料

水平筋锚固如图 4-44 所示。

其加工尺寸为：

$$L_1 = 墙长\ N - 2 \times 保护层厚 \tag{4-9}$$

其下料长度为：

$$L = L_1 + L_2 - 90°量度差值 \tag{4-10}$$

2. 端部有暗柱时剪力墙水平分布筋下料

端部有暗柱时剪力墙水平分布筋锚固，如图 4-45 所示。

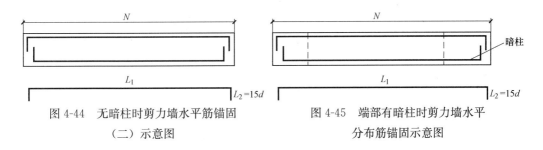

图 4-44 无暗柱时剪力墙水平筋锚固　　图 4-45 端部有暗柱时剪力墙水平
（二）示意图　　　　　　　　　　分布筋锚固示意图

其加工尺寸为：
$$L_1 = 墙长\ N - 2×保护层厚 - 2d \qquad (4\text{-}11)$$
式中　d——竖向纵筋直径。

其下料长度为：
$$L = L_1 + L_2 - 90°量度差值 \qquad (4\text{-}12)$$

3. 两端为墙的 L 形墙水平分布筋下料

两端为墙的 L 形墙水平分布筋锚固，如图 4-46 所示。

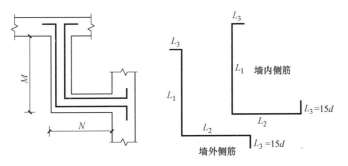

图 4-46 两端为墙的 L 形墙水平分布筋锚固示意图

（1）墙外侧筋

其加工尺寸为：
$$L_1 = M - 保护层厚 + 0.4l_{aE}伸至对边 \qquad (4\text{-}13)$$
$$L_2 = N - 保护层厚 + 0.4l_{aE}伸至对边 \qquad (4\text{-}14)$$

其下料长度为：
$$L = L_1 + L_2 + 2L_3 - 3×90°量度差值 \qquad (4\text{-}15)$$

（2）墙内侧筋

其加工尺寸为：
$$L_1 = M - 墙厚 + 保护层厚 + 0.4l_{aE}伸至对边 \qquad (4\text{-}16)$$
$$L_2 = N - 墙厚 + 保护层厚 + 0.4l_{aE}伸至对边 \qquad (4\text{-}17)$$

其下料长度为：
$$L = L_1 + L_2 + 2L_3 - 3×90°量度差值 \qquad (4\text{-}18)$$

4. 闭合墙水平分布筋计算

闭合墙水平分布筋锚固示意如图 4-47 所示。

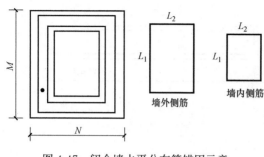

图 4-47 闭合墙水平分布筋锚固示意

（1）墙外侧筋

其加工尺寸为：

$$L_1 = M - 2 \times 保护层厚 \quad (4\text{-}19)$$

$$L_2 = N - 2 \times 保护层厚 \quad (4\text{-}20)$$

其下料长度为：

$$L = 2L_1 + 2L_2 - 4 \times 90° 量度差值 \quad (4\text{-}21)$$

（2）墙内侧筋

其加工尺寸为：

$$L_1 = M - 墙厚 + 2 \times 保护层厚 + 2d \quad (4\text{-}22)$$

$$L_2 = N - 墙厚 + 2 \times 保护层厚 + 2d \quad (4\text{-}23)$$

其下料长度为：

$$L = 2L_1 + 2L_2 - 4 \times 90° 量度差值 \quad (4\text{-}24)$$

5. 两端为转角墙的外墙水平分布筋下料

两端为转角墙的外墙水平分布筋锚固，如图 4-48 所示。

（1）墙内侧筋

其加工尺寸为：

$$L_1 = 墙长 N + 2 \times 0.4 l_{aE} 伸至对边 \quad (4\text{-}25)$$

其下料长度为：

$$L = L_1 + 2L_2 - 2 \times 90° 量度差值 \quad (4\text{-}26)$$

（2）墙外侧筋

墙外侧水平分布筋的计算方法同闭合墙水平分布筋外侧筋计算。

6. 两端为墙的室内墙水平分布筋下料

两端为墙的室内墙水平分布筋锚固，如图 4-49 所示。

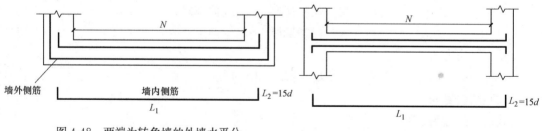

图 4-48 两端为转角墙的外墙水平分
布筋锚固示意图

图 4-49 两端为墙的室内墙水平
分布筋锚固示意图

其加工尺寸为：

$$L_1 = 墙长 N + 2 \times 0.4 l_{aE} 伸至对边 \quad (4\text{-}27)$$

其下料长度为：

$$L = L_1 + 2L_2 - 2 \times 90° 量度差值 \quad (4\text{-}28)$$

7. 两端为墙的 U 形墙水平分布筋下料

两端为墙的 U 形墙水平分布筋锚固，如图 4-50 所示。

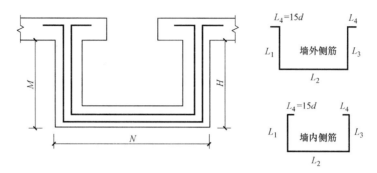

图 4-50 两端为墙的 U 形墙水平分布筋锚固示意图

（1）墙外侧筋

其加工尺寸为：

$$L_1 = M - 保护层厚 + 0.4l_{aE}伸至对边 \tag{4-29}$$

$$L_2 = 墙长 N - 2 \times 保护层厚 \tag{4-30}$$

$$L_3 = H - 保护层厚 + 0.4l_{aE}伸至对边 \tag{4-31}$$

其下料长度为：

$$L = L_1 + L_2 + L_3 + 2L_4 - 4 \times 90°量度差值 \tag{4-32}$$

（2）墙内侧筋

其加工尺寸为：

$$L_1 = M - 墙厚 + 保护层厚 + 0.4l_{aE}伸至对边 \tag{4-33}$$

$$L_2 = 墙长 N - 2 \times 墙厚 + 2 \times 保护层厚 \tag{4-34}$$

$$L_3 = H - 墙厚 + 保护层厚 + 0.4l_{aE}伸至对边 \tag{4-35}$$

其下料长度为：

$$L = L_1 + L_2 + L_3 + 2L_4 - 4 \times 90°量度差值 \tag{4-36}$$

8. 两端为柱的 U 形外墙水平分布筋下料

两端为柱的 U 形外墙水平分布筋锚固，如图 4-51 所示。

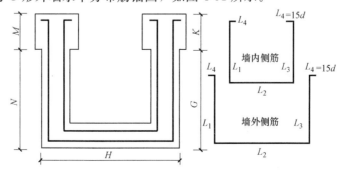

图 4-51 两端为柱的 U 形外墙水平分布筋锚固示意图

（1）墙外侧水平分布筋下料

1）墙外侧水平分布筋在端柱中弯锚，如图 4-51 所示，$M-$保护层厚$<l_{aE}$及 $K-$保护层厚$<l_{aE}$时，外侧水平分布筋在端柱中弯锚。

其加工尺寸为：

$$L_1=N+0.4l_{aE}伸至对边-保护层厚 \tag{4-37}$$

$$L_2=墙长\ H-2\times保护层厚 \tag{4-38}$$

$$L_3=G+0.4l_{aE}伸至对边-保护层厚 \tag{4-39}$$

其下料长度为：

$$L=L_1+L_2+L_3+2L_4-4\times90°量度差值 \tag{4-40}$$

2）墙外侧水平分布筋在端柱中直锚，如图 4-51 所示，$M-$保护层厚$>l_{aE}$及 $K-$保护层厚$>l_{aE}$时，外侧水平分布筋在端柱中直锚，此处没有 L_4。

其加工尺寸为：

$$L_1=N+l_{aE}-保护层厚 \tag{4-41}$$

$$L_2=墙长\ H-2\times保护层厚 \tag{4-42}$$

$$L_3=G+l_{aE}-保护层厚 \tag{4-43}$$

其下料长度为：

$$L=L_1+L_2+L_3-2\times90°量度差值 \tag{4-44}$$

（2）墙内侧水平分布筋下料

1）墙内侧水平分布筋在端柱中弯锚，如图 4-51 所示，$M-$保护层厚$<l_{aE}$及 $K-$保护层厚$<l_{aE}$时，内侧水平分布筋在端柱中弯锚。

其加工尺寸为：

$$L_1=N+0.4l_{aE}伸至对边-墙厚+保护层厚+d \tag{4-45}$$

$$L_2=墙长\ H-2\times墙厚+2\times保护层厚+2d \tag{4-46}$$

$$L_3=G+0.4l_{aE}伸至对边-墙厚+保护层厚+d \tag{4-47}$$

其下料长度为：

$$L=L_1+L_2+L_3+2L_4-4\times90°量度差值 \tag{4-48}$$

2）墙内侧水平分布筋在端柱中直锚，如图 4-51 所示，$M-$保护层厚$>l_{aE}$及 $K-$保护层厚$>l_{aE}$时，外侧水平分布筋在端柱中直锚，此处没有 L_4。

其加工尺寸为：

$$L_1=N+l_{aE}-墙厚+保护层厚+d \tag{4-49}$$

$$L_2=墙长\ H-2\times墙厚+2\times保护层厚+2d \tag{4-50}$$

$$L_3=G+l_{aE}-墙厚+保护层厚+d \tag{4-51}$$

其下料长度为：

$$L=L_1+L_2+L_3-2\times90°量度差值 \tag{4-52}$$

9. 一端为柱、另一端为墙的外墙内侧水平分布筋下料

一端为柱、另一端为墙的外墙内侧水平分布筋锚固，如图 4-52 所示。

（1）内侧水平分布筋在端柱中弯锚，如图 4-52 所示，M－保护层厚$<l_{aE}$时，内侧水平分布筋在端柱中弯锚。

其加工尺寸为：

$$L_1＝墙长 N＋2×0.4l_{aE}伸至对边 \quad (4\text{-}53)$$

其下料长度为：

$$L＝L_1＋2L_2－2×90°量度差值 \quad (4\text{-}54)$$

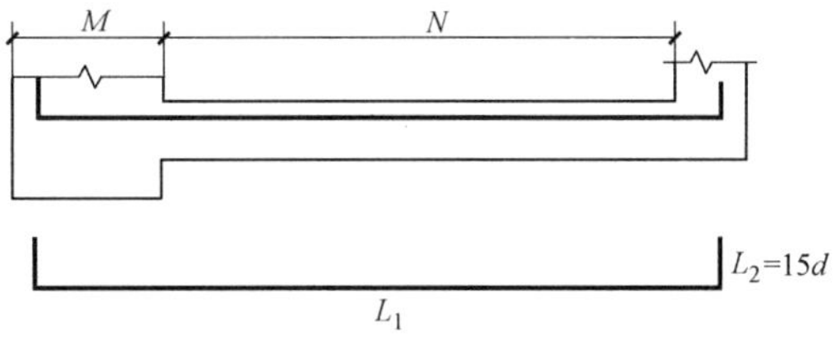

图 4-52 一端为柱、另一端为墙的外墙内侧水平分布筋锚固示意图

（2）内侧水平分布筋在端柱中直锚，如图 4-52 所示，M－保护层厚$>l_{aE}$时，内侧水平分布筋在端柱中直锚，此时钢筋左侧没有 L_2。

其加工尺寸为：

$$L_1＝墙长 N＋0.4l_{aE}伸至对边＋l_{aE} \quad (4\text{-}55)$$

其下料长度为：

$$L＝L_1＋L_2－90°量度差值 \quad (4\text{-}56)$$

10. 一端为柱、另一端为墙的 L 形外墙水平分布筋下料

一端为柱、另一端为墙的 L 形外墙水平分布筋锚固，如图 4-53 所示。

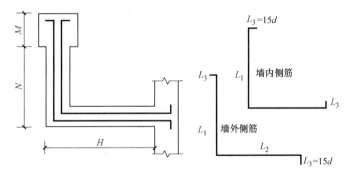

图 4-53 一端为柱、另一端为墙的 L 形外墙水平分布筋锚固示意图

（1）墙外侧水平分布筋下料

1）墙外侧水平分布筋在端柱中弯锚，如图 4-53 所示，M－保护层厚$<l_{aE}$时，外侧水平分布筋在端柱中弯锚。

其加工尺寸为：

$$L_1＝N＋0.4l_{aE}伸至对边－保护层厚 \quad (4\text{-}57)$$

$$L_2＝墙长 H＋0.4l_{aE}伸至对边－保护层厚 \quad (4\text{-}58)$$

其下料长度为：

$$L＝L_1＋L_2＋2L_3－3×90°量度差值 \quad (4\text{-}59)$$

2）墙外侧水平分布筋在端柱中直锚，如图 4-53 所示，M－保护层厚$>l_{aE}$时，外侧水平分布筋在端柱中直锚，此处无 L_3。

其加工尺寸为:

$$L_1 = N + l_{aE} - 保护层厚 \tag{4-60}$$

$$L_2 = 墙长\ H + 0.4l_{aE}伸至对边 - 保护层厚 \tag{4-61}$$

其下料长度为:

$$L = L_1 + L_2 - 2 \times 90° 量度差值 \tag{4-62}$$

（2）墙内侧水平分布筋下料

1）墙内侧水平分布筋在端柱中弯锚，如图 4-53 所示，$M-$ 保护层厚 $< l_{aE}$ 时，内侧水平分布筋在端柱中弯锚。

加工尺寸为:

$$L_1 = N + 0.4l_{aE}伸至对边 - 墙厚 + 保护层厚 + d \tag{4-63}$$

$$L_2 = 墙长\ H + 0.4l_{aE}伸至对边 - 墙厚 + 保护层厚 + d \tag{4-64}$$

下料长度为:

$$L = L_1 + L_2 + 2L_3 - 3 \times 90° 量度差值 \tag{4-65}$$

2）墙内侧水平分布筋在端柱中直锚，如图 4-53 所示，$M-$ 保护层厚 $> l_{aE}$ 时，外侧水平分布筋在端柱中直锚，此处无 L_3。

其加工尺寸为:

$$L_1 = N + l_{aE} - 墙厚 + 保护层厚 + d \tag{4-66}$$

$$L_2 = 墙长\ H + 0.4l_{aE}伸至对边 - 墙厚 + 保护层厚 + d \tag{4-67}$$

其下料长度为:

$$L = L_1 + L_2 - 2 \times 90° 量度差值 \tag{4-68}$$

4.2.5 剪力墙连梁钢筋下料

单双洞口连梁的钢筋下料计算

单、双洞口连梁水平分布钢筋示意图如图 4-54 所示。

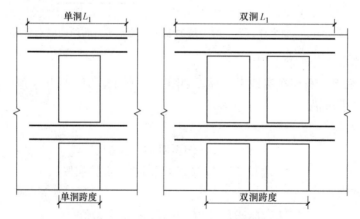

图 4-54 单、双洞口连梁水平分布钢筋示意图

单洞口连梁钢筋计算公式:

$$单洞 L_1=单洞跨度+2\times\max(l_{aE},600) \tag{4-69}$$

双洞口连梁钢筋计算公式：

$$双洞 L_1=双洞跨度+2\times\max(l_{aE},600) \tag{4-70}$$

需要注意的是，双洞跨度不是两个洞口加在一起的长度，而是连在一起不扣除两洞口之间的距离的总长度，且上、下钢筋长度均相等。

4.3 剪力墙钢筋下料实例

【例 4-1】 试计算其顶层分布钢筋的下料长度。已知某二级抗震剪力墙中墙身顶层竖向分布筋，钢筋直径为 30mm（HRB400 级钢筋），混凝土强度等级为 C35。采用机械连接，其层高为 3.5m，屋面板厚 100mm。

【解】

已知 $d=30\text{mm}>25\text{mm}$　HRB400 级钢筋

$$顶层室内净高=层高-屋面板厚度$$
$$=3500-100$$
$$=3400\text{mm}$$

C35 时的锚固值 $l_{aE}=40d$

HRB400 级框架顶层节点 90°外皮差值为 4.648d

代入公式：

$$长筋=顶层室内净高+l_{aE}-500-1\text{ 个 }90°外皮差值$$
$$=3400+40\times30-500-4.648\times30$$
$$=2880\text{mm}$$

$$短筋=顶层室内净高+l_{aE}-500-35d-1\text{ 个 }90°外皮差值$$
$$=3400+40\times30-500-35\times30-4.648\times30$$
$$=1830\text{mm}$$

【例 4-2】 试计算墙端部洞口连梁的钢筋下料尺寸（上、下钢筋计算方法相同）。已知某抗震二级剪力墙端部洞口连梁，钢筋级别为 HRB335 级钢筋，直径 $d=25\text{mm}$，混凝土强度等级为 C30，跨度为 1.5m。

【解】

已知 C30 二级抗震，HRB335 级钢筋

$$l_{aE}=33d$$
$$=33\times25$$
$$=825\text{mm}>600\text{mm}$$

故取 l_{aE} 值

$$L_1=跨度总长+0.4l_{aE}+l_{aE}$$
$$=1500+0.4\times825+825$$

$$=2655\text{mm}$$

$$L_2=15d$$

$$=15\times25$$

$$=375\text{mm}$$

$$总下料长度=L_1+L_2-90°外皮差值$$

$$=2655+375-2.931\times25$$

$$\approx2957\text{mm}$$

【例 4-3】 已知：四级抗震剪力墙边墙墙身顶层竖向分布筋，钢筋规格为Φ20（即 HPB300 级钢筋，直径为 20mm），混凝土 C30，搭接连接，层高 3.3m，板厚 150mm 和保护层厚度 15mm。

求：剪力墙边墙墙身顶层竖向分布筋（外侧筋和里侧筋）——长 L_1、L_2 的加工尺寸和下料尺寸。

【解】

（1）外侧筋

$$长 L_1=层高-保护层$$

$$=3300-15$$

$$=3285\text{mm}$$

$$L_2=l_{aE}-顶板厚+保护层$$

$$=30d-150+15$$

$$=465\text{mm}$$

$$钩=5d$$

$$=100\text{mm}$$

$$下料长度=3285+465+100-1.751d$$

$$\approx3285+465+100-35$$

$$\approx3815\text{mm}$$

（2）里侧筋

$$长 L_1=3300-15-d-30$$

$$=3235\text{mm}$$

$$L_2=l_{aE}-顶板厚+保护层+d+30$$

$$=30d-150+15+20+30$$

$$=515\text{mm}$$

$$钩=5d$$

$$=100\text{mm}$$

$$下料长度=3235+515+100-1.751d$$

$$\approx3235+515+100-35$$

$$\approx3815\text{mm}$$

计算结果参看图 4-55。

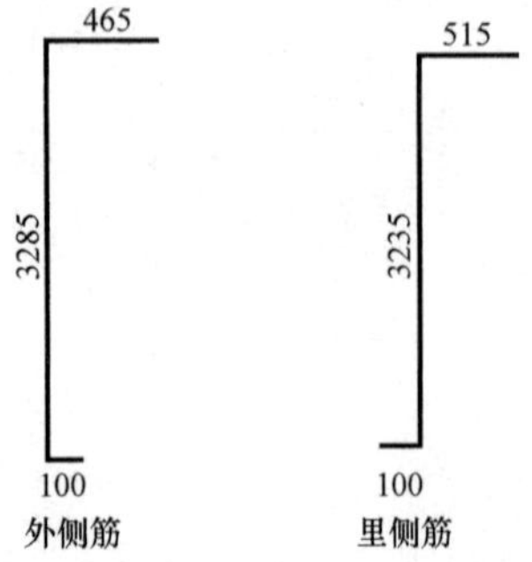

图 4-55 下料尺寸和长度

5 板构件钢筋下料

5.1 板构件识图

5.1.1 板构件施工图制图规则

1. 有梁楼盖平法施工图识读

（1）有梁楼盖平法施工图的表示方法

1）有梁楼盖板平法施工图，是在楼面板和屋面板布置图上，采用平面注写的表达方式。板平面注写主要包括板块集中标注和板支座原位标注。

2）为方便设计表达和施工识图，规定结构平面的坐标方向如下：

①当两向轴网正交布置时，图面从左至右为 X 向，从下至上为 Y 向；

②当轴网转折时，局部坐标方向顺轴网转折角度做相应转折；

③当轴网向心布置时，切向为 X 向，径向为 Y 向。

此外，对于平面布置比较复杂的区域，例如轴网转折交界区域、向心布置的核心区域等，其平面坐标方向应由设计者另行规定并且在图上明确表示。

（2）板块集中标注

1）板块集中标注的内容包括：板块编号、板厚、上部贯通纵筋，下部纵筋，以及当板面标高不同时的标高高差。

对于普通楼面，两向均以一跨为一板块；对于密肋楼盖，两向主梁（框架梁）均以一跨为一板块（非主梁密肋不计）。所有板块应逐一编号，相同编号的板块可择其一做集中标注，其他仅注写置于圆圈内的板编号，以及当板面标高不同时的标高高差。

板块编号应符合表 5-1 的规定。

板块编号   表 5-1

板类型	代号	序号
楼面板	LB	××
屋面板	WB	××
悬挑板	XB	××

板厚注写为 $h=\times\times\times$（h 为垂直于板面的厚度）；当悬挑板的端部改变截面厚度时，用斜线分隔根部与端部的高度值，注写为 $h=\times\times\times/\times\times\times$；当设计已在图注中统一注明板厚时，此项可不注。

纵筋按板块的下部纵筋和上部贯通纵筋分别注写（当板块上部不设贯通纵筋时则不注），并以 B 代表下部纵筋，以 T 代表上部贯通纵筋，B&T 代表下部与上部；X 向纵筋以 X 打头，Y 向纵筋以 Y 打头，两向纵筋配置相同时则以 X&Y 打头。

当为单向板时，分布筋可不必注写，而在图中统一注明。

当在某些板内（例如在悬挑板 XB 的下部）配置有构造钢筋时，则 X 向以 Xc，Y 向以 Yc 打头注写。

当 Y 向采用放射配筋时（切向为 X 向，径向为 Y 向），设计者应注明配筋间距的定位尺寸。

当纵筋采用两种规格钢筋"隔一布一"方式时，表达为Φxx/yy@×××，表示直径为 xx 的钢筋和直径为 yy 的钢筋二者之间间距为×××，直径 xx 的钢筋的间距为××× 的 2 倍，直径 yy 的钢筋的间距为××× 的 2 倍。

板面标高高差是指相对于结构层楼面标高的高差，应将其注写在括号内，并且有高差则注，无高差不注。

2）同一编号板块的类型、板厚和纵筋均应相同，但是板面标高、跨度、平面形状以及板支座上部非贯通纵筋可以不同，若同一编号板块的平面形状可为矩形、多边形及其他形状等。施工预算时，应根据其实际平面形状，分别计算各块板的混凝土与钢材用量。

设计与施工应注意：单向或双向连续板的中间支座上部同向贯通纵筋，不应在支座位置连接或分别锚固。当相邻两跨的板上部贯通纵筋配置相同，且跨中部位有足够空间连接时，可在两跨任意一跨的跨中连接部位连接；当相邻两跨的上部贯通纵筋配置不同时，应将配置较大者越过其标注的跨数终点或起点伸至相邻跨的跨中连接区域连接。

设计应注意板中间支座两侧上部纵筋的协调配置，施工及预算应按具体设计和相应标准构造要求实施。等跨与不等跨板上部纵筋的连接有特殊要求时，其连接部位及方式应由设计者注明。对于梁板式转换层楼板，板下部纵筋在支座内的锚固长度不应小于 l_a。

当悬挑板需要考虑竖向地震作用时，下部纵筋伸入支座内长度不应小于 l_{aE}。

（3）板支座原位标注

1）板支座原位标注的内容包括：板支座上部非贯通纵筋和悬挑板上部受力钢筋。

板支座原位标注的钢筋，应在配置相同跨的第一跨表达（当在梁悬挑部位单独配置时则在原位表达）。在配置相同跨的第一跨（或梁悬挑部位），垂直于板支座（梁或墙）绘制一段适宜长度的中粗实线（当该筋通长设置在悬挑板或短跨板上部时，实线段应画至对边或贯通短跨），以该线段代表支座上部非贯通纵筋，并在线段上方注写钢筋编号（例如①、②等）、配筋值、横向连续布置的跨数（注写在括号内，并且当为一跨时可不注），以及是否横向布置到梁的悬挑端。

板支座上部非贯通筋自支座中线向跨内的伸出长度，注写在线段的下方位置。

当中间支座上部非贯通纵筋向支座两侧对称伸出时，可仅在支座一侧线段下方标注伸出长度，另一侧不注，如图 5-1 所示。

当向支座两侧非对称伸出时，应分别在支座两侧线段下方注写伸出长度，如图 5-2 所示。

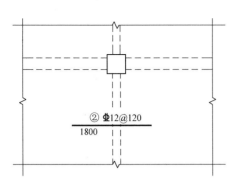

图 5-1 板支座上部非贯通筋对称伸出

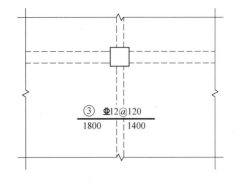

图 5-2 板支座上部非贯通筋非对称伸出

对线段画至对边贯通全跨或贯通全悬挑长度的上部通长纵筋，贯通全跨或伸出至全悬挑一侧的长度值不注，只注明非贯通筋另一侧的伸出长度值，如图 5-3 所示。

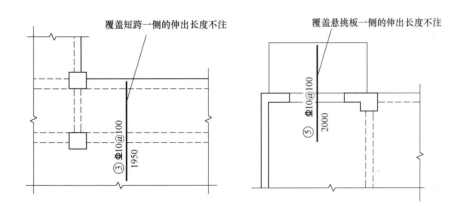

图 5-3 板支座上部非贯通筋贯通全跨或伸至悬挑端

当板支座为弧形，支座上部非贯通纵筋呈放射状分布时，设计者应注明配筋间距的度量位置并加注"放射分布"四字，必要时应补绘平面配筋图，如图 5-4 所示。

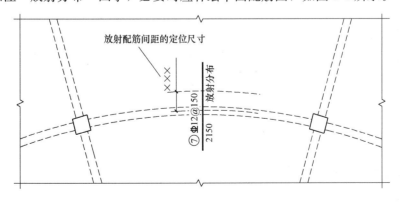

图 5-4 弧形支座处放射配筋

关于悬挑板的注写方式如图 5-5 所示。当悬挑板端部厚度不小于 150mm 时，设计者应指定板端部封边构造方式，当采用 U 形钢筋封边时，尚应指定 U 形钢筋的规格、直径。

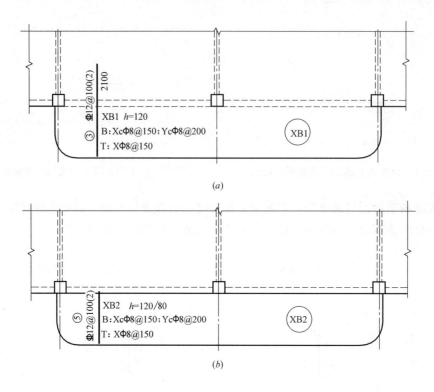

图 5-5 悬挑板支座非贯通筋

在板平面布置图中，不同部位板支座上部非贯通纵筋及悬挑板上部受力钢筋，可仅在一个部位注写，对其他相同者则仅需在代表钢筋的线段上注写编号及按本条规则注写横向连续布置的跨数即可。

此外，与板支座上部非贯通纵筋垂直且绑扎在一起的构造钢筋或分布钢筋，应由设计者在图中注明。

2）当板的上部已配置有贯通纵筋，但需增配板支座上部非贯通纵筋时，应结合已配置的同向贯通纵筋的直径与间距采取"隔一布一"方式配置。

"隔一布一"方式，为非贯通纵筋的标注间距与贯通纵筋相同，两者组合后的实际间距为各自标注间距的 1/2。当设定贯通纵筋为纵筋总截面面积的 50% 时，两种钢筋应取相同直径；当设定贯通纵筋大于或小于总截面面积的 50% 时，两种钢筋则取不同直径。

施工应注意：当支座一侧设置了上部贯通纵筋（在板集中标注中以 T 打头），而在支座另一侧仅设置了上部非贯通纵筋时，如果支座两侧设置的纵筋直径、间距相同，应将二者连通，避免各自在支座上部分别锚固。

（4）其他

1）当悬挑板需要考虑竖向地震作用时，设计应注明该悬挑板纵向钢筋抗震锚固长度按何种抗震等级。

2）板上部纵向钢筋在端支座（梁、剪力墙顶）锚固要求：当设计按铰接时，平直段伸至端支座对边后弯折，且平直段长度≥$0.35l_{ab}$，弯折段投影长度15d（d 为纵向钢筋直径）；当充分利用钢筋的抗拉强度时，平直段伸至端支座对边后弯折，且平直段长度≥$0.6l_{ab}$，弯折段投影长度15d。设计者应在平法施工图中注明采用何种构造，当多数采用同种构造时可在图注中写明，并将少数不同之处在图中注明。

3）板支承在剪力墙顶的端节点，当设计考虑墙外侧竖向钢筋与板上部纵向受力钢筋搭接传力时，应满足搭接长度要求，设计者应在平法施工图中注明。

4）板纵向钢筋的连接可采用绑扎搭接、机械连接或焊接。当板纵向钢筋采用非接触方式的搭接连接时，其搭接部位的钢筋净距不宜小于30mm，且钢筋中心距不应大于$0.2l_l$及150mm 的较小者。

注：非接触搭接使混凝土能够与搭接范围内所有钢筋的全表面充分粘接，可以提高搭接钢筋之间通过混凝土传力的可靠度。

5）采用平面注写方式表达的楼面板平法施工图示例，如图 5-6 所示。

2. 无梁楼盖平法施工图识读

（1）无梁楼盖平法施工图的表示方法

1）无梁楼盖平法施工图是在楼面板和屋面板布置图上，采用平面注写的表达方式。

2）板平面注写主要有板带集中标注、板带支座原位标注两部分内容。

（2）板带集中标注

1）集中标注应在板带贯通纵筋配置相同跨的第一跨（X 向为左端跨，Y 向为下端跨）注写。相同编号的板带可择其一做集中标注，其他仅注写板带编号（注在圆圈内）。

板带集中标注的具体内容为：板带编号，板带厚及板带宽和贯通纵筋。

板带编号应符合表 5-2 的规定。

板带编号　　　　　　　　　　　　　　　　　　　　　　　　表 5-2

板带类型	代号	序号	跨数及有无悬挑
柱上板带	ZSB	××	（××）、（××A）或（××B）
跨中板带	KZB	××	（××）、（××A）或（××B）

注：1. 跨数按柱网轴线计算（两相邻柱轴线之间为一跨）。
　　2.（××A）为一端有悬挑，（××B）为两端有悬挑，悬挑不计入跨数。

板带厚注写为 $h=×××$，板带宽注写为 $b=×××$。当无梁楼盖整体厚度和板带宽度已在图中注明时，此项可不注。

贯通纵筋按板带下部和板带上部分别注写，并以 B 代表下部，T 代表上部，B&T 代表下部和上部。当采用放射配筋时，设计者应注明配筋间距的度量位置，必要时补绘配筋平面图。

设计与施工应注意：相邻等跨板带上部贯通纵筋应在跨中 1/3 净跨长范围内连接；当同向连续板带的上部贯通纵筋配置不同时，应将配置较大者越过其标注的跨数终点或起点伸至相邻跨的跨中连接区域连接。

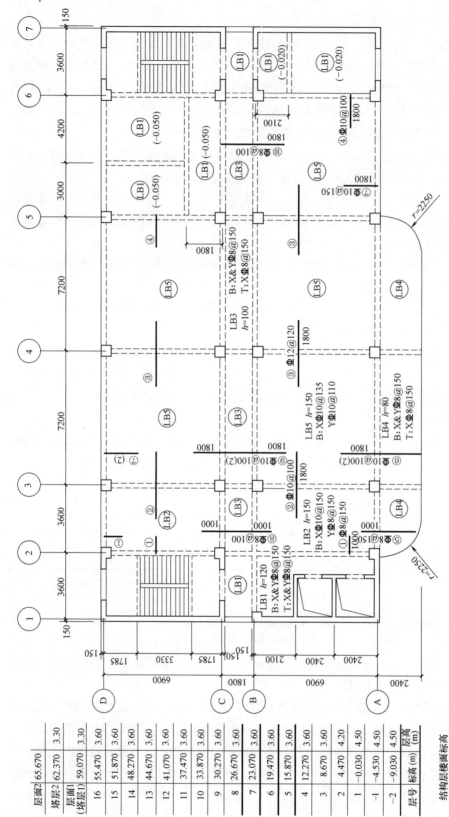

图 5-6　有梁楼盖平法施工图示例

注：可在结构层楼面层高、结构层高简表中加设混凝土强度等级等栏目。

		层面2 65.670	3.30
塔层2 62.370	3.30
层面1 (塔层1) 59.070	3.60
16	55.470	3.60
15	51.870	3.60
14	48.270	3.60
13	44.670	3.60
12	41.070	3.60
11	37.470	3.60
10	33.870	3.60
9	30.270	3.60
8	26.670	3.60
7	23.070	3.60
6	19.470	3.60
5	15.870	3.60
4	12.270	3.60
3	8.670	4.20
2	4.470	4.50
1	-0.030	4.50
-1	-4.530	4.50
-2	-9.030	
层号	标高 (m)	层高 (m)

结构层楼面标高
结构层高

设计应注意板带中间支座两侧上部贯通纵筋的协调配置，施工及预算应按具体设计和相应标准构造要求实施。等跨与不等跨板上部贯通纵筋的连接构造要求见相关标准构造详图；当具体工程对板带上部纵向钢筋的连接有特殊要求时，其连接部位及方式应由设计者注明。

2）当局部区域的板面标高与整体不同时，应在无梁楼盖的板平法施工图上注明板面标高高差及分布范围。

（3）板带支座原位标注

1）板带支座原位标注的具体内容为：板带支座上部非贯通纵筋。

以一段与板带同向的中粗实线段代表板带支座上部非贯通纵筋；对柱上板带，实线段贯穿柱上区域绘制；对跨中板带：实线段横贯柱网轴线绘制。在线段上注写钢筋编号（例如①、②等）、配筋值及在线段的下方注写自支座中线向两侧跨内的伸出长度。

当板带支座非贯通纵筋自支座中线向两侧对称伸出时，其伸出长度可仅在一侧标注；当配置在有悬挑端的边柱上时，该筋伸出到悬挑尽端，设计不注。当支座上部非贯通纵筋呈放射分布时，设计者应注明配筋间距的定位位置。

不同部位的板带支座上部非贯通纵筋相同者，可仅在一个部位注写，其余则在代表非贯通纵筋的线段上注写编号。

2）当板带上部已经配有贯通纵筋，但需增加配置板带支座上部非贯通纵筋时，应结合已配同向贯通纵筋的直径与间距，采取"隔一布一"的方式配置。

（4）暗梁的表示方法

1）暗梁平面注写包括暗梁集中标注、暗梁支座原位标注两部分内容。施工图中在柱轴线处画中粗虚线表示暗梁。

2）暗梁集中标注包括暗梁编号、暗梁截面尺寸（箍筋外皮宽度×板厚）、暗梁箍筋、暗梁上部通长筋或架立筋四部分内容。暗梁编号应符合表5-3的规定。

暗梁编号 表5-3

构件类型	代号	序号	跨数及有无悬挑
暗梁	AL	××	（××）、（××A）或（××B）

注：1. 跨数按柱网轴线计算（两相邻柱轴线之间为一跨）。
2.（××A）为一端有悬挑，（××B）为两端有悬挑，悬挑不计入跨数。

3）暗梁支座原位标注包括梁支座上部纵筋、梁下部纵筋。当在暗梁上集中标注的内容不适用于某跨或某悬挑端时，则将其不同数值标注在该跨或该悬挑端，施工时按原位注写取值。

4）当设置暗梁时，柱上板带及跨中板带标注方式与板带集中标注和板支座原位标注的内容一致。柱上板带标注的配筋仅设置在暗梁之外的柱上板带范围内。

5）暗梁中纵向钢筋连接、锚固及支座上部纵筋伸出长度等要求同轴线处柱上板带中纵向钢筋。

（5）其他

1）当悬挑板需要考虑竖向地震作用时，设计应注明该悬挑板纵向钢筋抗震锚固长度按何种抗震等级。

2）无梁楼盖板纵向钢筋的锚固和搭接需满足受拉钢筋的要求。

3）无梁楼盖跨中板带上部纵向钢筋在梁端支座的锚固要求：当设计按铰接时，平直段伸至端支座对边后弯折，且平直段长度≥$0.35l_{ab}$，弯折段投影长度 15d（d 为纵向钢筋直径）；当充分利用钢筋的抗拉强度时，直段伸至端支座对边后弯折，且平直段长度≥$0.6l_{ab}$，弯折段投影长度 15d。设计者应在平法施工图中注明采用何种构造，当多数采用同种构造时可在图注中写明，并将少数不同之处在图中注明。

4）无梁楼盖跨中板带支承在剪力墙顶的端节点，当板上部纵向钢筋充分利用钢筋的抗拉强度时（锚固在支座中），直段伸至端支座对边后弯折，且平直段长度≥$0.6l_{ab}$，弯折段投影长度 15d；当设计考虑墙外侧竖向钢筋与板上部纵向受力钢筋搭接传力时，应满足搭接长度要求；设计者应在平法施工图中注明采用何种构造，当多数采用同种构造时可在图注中写明，并将少数不同之处在图中注明。

5）板纵向钢筋的连接可采用绑扎搭接、机械连接或焊接。当板纵向钢筋采用非接触方式的绑扎搭接连接时，其搭接部位的钢筋净距不宜小于 30mm，且钢筋中心距不应大于 $0.2l_l$ 及 150mm 的较小者。

注：非接触搭接使混凝土能够与搭接范围内所有钢筋的全表面充分粘接，可以提高搭接钢筋之间通过混凝土传力的可靠度。

6）上述关于无梁楼盖的板平法制图规则，同样适用于地下室内无梁楼盖的平法施工图设计。

7）采用平面注写方式表达的无梁楼盖柱上板带、跨中板带及暗梁标注图示，如图 5-7 所示。

5.1.2 板构件平法识图方法

1. 有梁楼盖楼（屋）面板配筋构造

（1）有梁楼盖楼面板 LB 和屋面板 WB 钢筋构造如图 5-8 所示。

1）上部纵筋

① 上部非贯通纵筋向跨内伸出长度详见设计标注。

② 与支座垂直的贯通纵筋贯通跨越中间支座，上部贯通纵筋连接区在跨中 1/2 跨度范围之内；相邻等跨或不等跨的上部贯通纵筋配置不同时，应将配置较大者越过其标注的跨数终点或起点延伸至相邻跨的跨中连接区域连接。

与支座同向的贯通纵筋的第一根钢筋在距梁角筋为 1/2 板筋间距处开始设置。

2）下部纵筋

① 与支座垂直的贯通纵筋伸入支座 5d 且至少到梁中线；

② 与支座同向的贯通纵筋第一根钢筋在距梁角筋 1/2 板筋间距处开始设置。

（2）板在端部支座的锚固构造如图 5-9 所示。

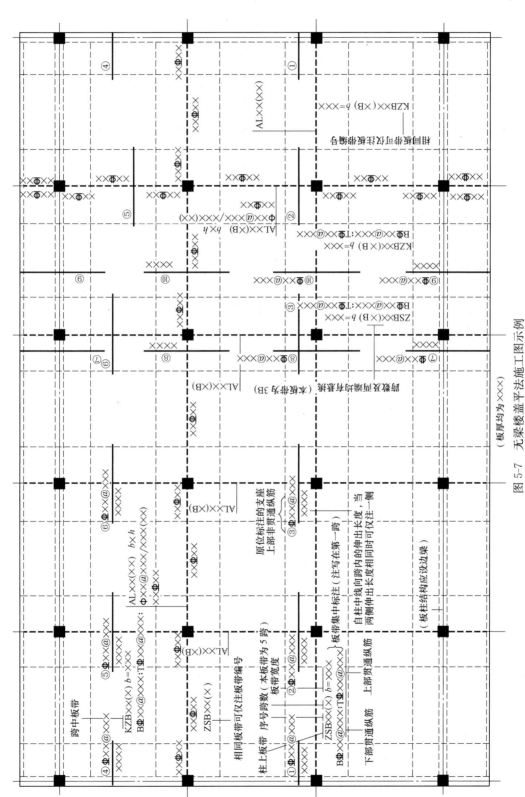

图 5-7 无梁楼盖平法施工图示例

注：本图示按 1：200 比例绘制。

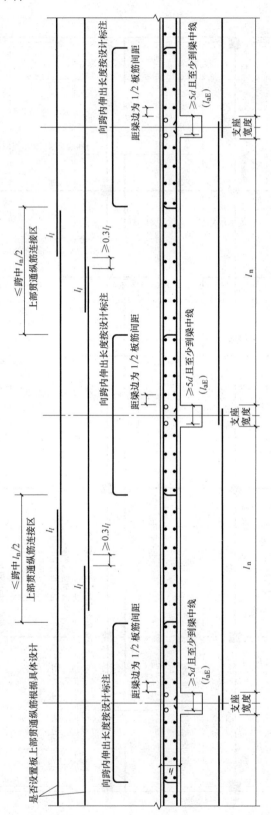

图 5-8 有梁楼盖面板 LB 和屋面板 WB 钢筋构造
（括号内的锚固长度 l_{aE} 用于梁板式转换层的板）

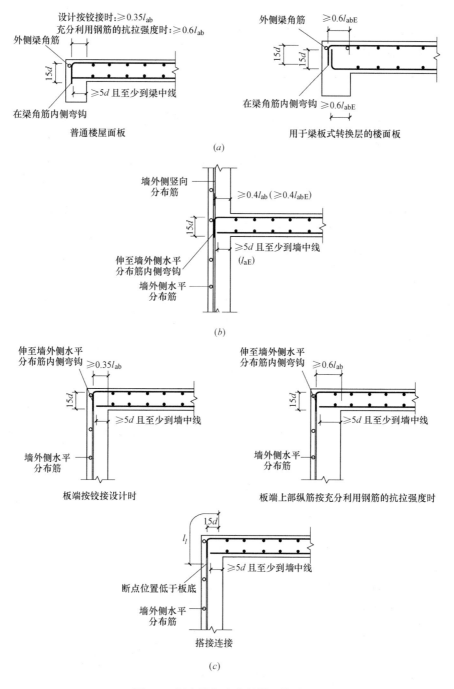

图 5-9 板在端部支座的锚固构造

（a）端部支座为梁；（b）端部支座为剪力墙中间层；（c）端部支座为剪力墙顶

1）端部支座为梁

① 普通楼屋面板端部构造

a. 板上部贯通纵筋伸至梁外侧角筋的内侧弯钩，弯折长度为 15d。当设计按铰接时，弯折水平段长度≥0.35l_{ab}；当充分利用钢筋的抗拉强度时，弯折水平段长度≥0.6l_{ab}。

b. 板下部贯通纵筋在端部制作的直锚长度≥5d且至少到梁中线。

② 用于梁板式转换层的楼面板端部构造

a. 板上部贯通纵筋伸至梁外侧角筋的内侧弯钩，弯折长度为15d，弯折水平段长度≥0.6l_{abE}。

b. 梁板式转换层的板，下部贯通纵筋在端部支座的直锚长度≥0.6l_{abE}。

2）端部支座为剪力墙中间层

① 板上部贯通纵筋伸至墙身外侧水平分布筋的内侧弯钩，弯折长度为15d。弯折水平段长度≥0.4l_{ab}（≥0.4l_{abE}）。

② 板下部贯通纵筋在端部支座的直锚长度≥5d且至少到墙中线；梁板式转换层的板，下部贯通纵筋在端部支座的直锚长度为l_{aE}。

③ 图中括号内的数值用于梁板式转换层的板，当板下部纵筋直锚长度不足时，可弯锚见图5-10。

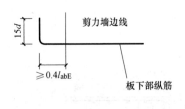

图5-10

3）端部支座为剪力墙顶

① 板端按铰接设计时，板上部贯通纵筋伸至墙身外侧水平分布筋的内侧弯钩，弯折长度为15d。弯折水平段长度≥0.35l_{ab}；板下部贯通纵筋在端部支座的直锚长度≥5d且至少到墙中线。

② 板端上部纵筋按充分利用钢筋的抗拉强度时，板上部贯通纵筋伸至墙身外侧水平分布筋的内侧弯钩，弯折长度为15d。弯折水平段长度≥0.6l_{ab}；板下部贯通纵筋在端部支座的直锚长度≥5d且至少到墙中线。

③ 搭接连接时，板上部贯通纵筋伸至墙身外侧水平分布筋的内侧弯钩，在断点位置低于板底，搭接长度为l_l，弯折水平段长度为15d；板下部贯通纵筋在端部支座的直锚长度≥5d且至少到墙中线。

2. 有梁楼盖不等跨板上部贯通纵筋连接构造

有梁楼盖不等跨板上部贯通纵筋连接构造，可分为三种情况，见图5-11。

3. 悬挑板的钢筋构造

（1）跨内外板面同高的延伸悬挑板，如图5-12所示。

由于悬臂支座处的负弯矩对内跨中有影响，会在内跨跨中出现负弯矩，因此：

1）上部筋钢可与内跨板负筋贯通设置，或伸入支座内锚固l_a。

2）悬挑较大时，下部配置构造钢筋并铺入支座内≥12d，并至少伸至支座中心线处。

3）括号内数值用于需考虑竖向地震作用时（由设计明确）。

（2）跨内外板面不同高的延伸悬挑板，如图5-13所示。

1）悬挑板上部钢筋锚入内跨板内直锚l_a，与内跨板负筋分离配置。

2）不得弯折连续配置上部受力钢筋。

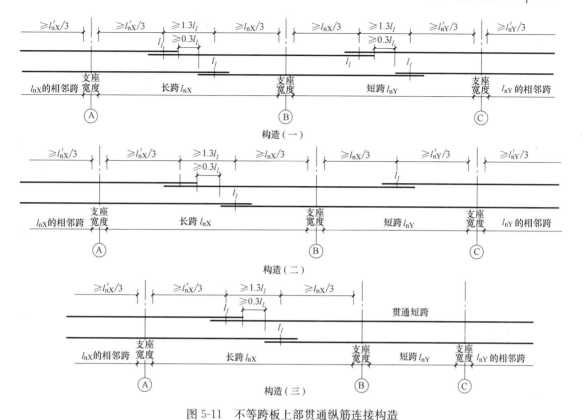

图 5-11 不等跨板上部贯通纵筋连接构造

（当钢筋足够长时能通则通）

l'_{nX}—轴线 A 左右两跨的较大净跨度值；l'_{nY}—轴线 C 左右两跨的较大净跨度值

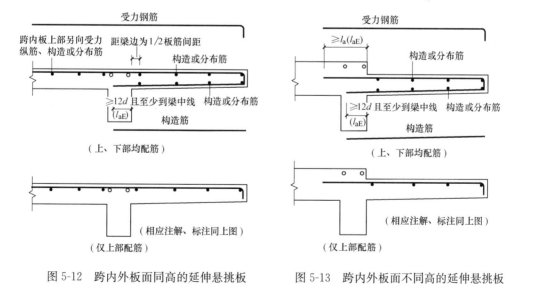

图 5-12 跨内外板面同高的延伸悬挑板   图 5-13 跨内外板面不同高的延伸悬挑板

3）悬挑较大时，下部配置构造钢筋并锚入支座内≥12d，并至少伸至支座中心线处。

4）内跨板的上部受力钢筋的长度，根据板上的均布活荷载设计值与均布恒荷载设计值的比值确定。

5）括号内数值用于需考虑竖向地震作用时（由设计明确）。

（3）纯悬挑板，如图 5-14 所示。

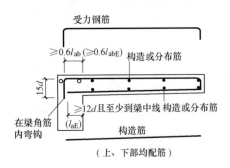

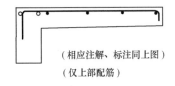

图 5-14　纯悬挑板

1）悬挑板上部是受力钢筋，受力钢筋在支座的锚固，宜采用 90°弯折锚固，伸至梁远端纵筋内侧下弯。

2）悬挑较大时，下部配置构造钢筋并锚入支座内≥12d，并至少伸至支座中心线处。

3）注意支座梁的抗扭钢筋的配置：支撑悬挑板的梁，梁筋受到扭矩作用，扭力在最外侧两端最大，梁中纵向钢筋在支座内的锚固长度，按受力钢筋进行锚固。

4）括号内数值用于需考虑竖向地震作用时（由设计明确）。

（4）现浇挑檐、雨篷等伸缩缝间距不宜大于 12m。

对现浇挑檐、雨篷、女儿墙长度大于 12m，考虑其耐久性的要求，要设 2cm 左右温度间隙，钢筋不能切断，混凝土构件可断。

（5）考虑竖向地震作用时，上、下受力钢筋应满足抗震锚固长度要求。

这对于复杂高层建筑物中的长悬挑板，由于考虑负风压产生的吸力，在北方地区高层、超高层建筑物中采用的是封闭阳台，在南方地区很多采用非封闭阳台。

（6）悬挑板端部封边构造方式，如图 5-15 所示。

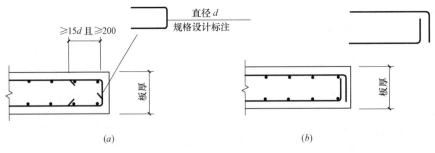

(a)　　　　　　　　　　　　　(b)

图 5-15　无支撑板端部封边构造

（当板厚≥150mm 时）

当悬挑板板端部厚度不小于 150mm 时，设计者应指定板端部封边构造方式，当采用 U 型钢筋封边时，尚应指定 U 型钢筋的规格、直径。

4. 板带的钢筋构造

（1）板带纵向钢筋构造如图 5-16 所示。

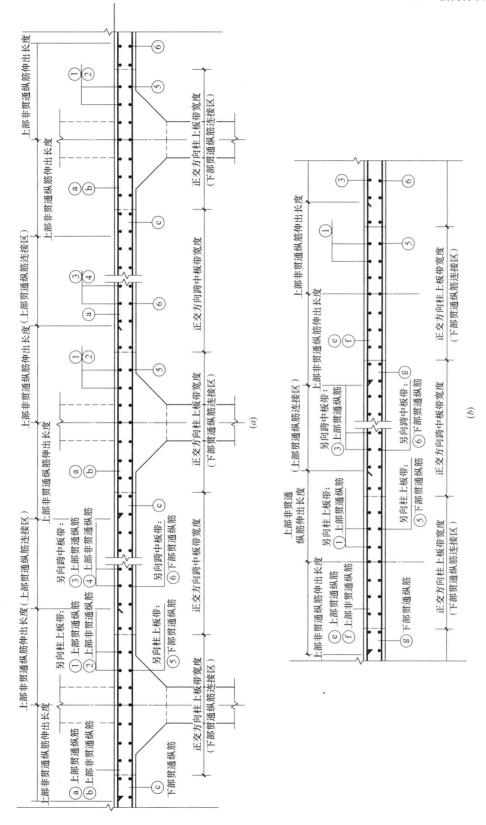

图 5-16 板带纵向钢筋构造

(a) 柱上板带 ZSB 纵向钢筋构造；(b) 跨中板带 KZB 纵向钢筋构造

1）当相邻等跨或不等跨的上部贯通纵筋配置不同时，应将配置较大者越过其标注的跨数终点或起点伸出至相邻跨的跨中连接区域连接。

2）柱上板带上部贯通纵筋的连接区在跨中区域；上部非贯通纵筋向跨内延伸长度按设计标注；非贯通纵筋的端点就是上部贯通纵筋连接区的起点。

3）跨中板带上部贯通纵筋连接区在跨中区域；下部贯通纵筋连接区的位置就在正交方向柱上板带的下方。

4）板贯通纵筋在连接区域内也可采用机械连接或焊接连接。

5）板各部位同一层面的两向交叉纵筋何向在下何向在上，应按具体设计说明。

6）无梁楼盖柱上板带内贯通纵筋搭接长度应为 l_{lE}。无柱帽柱上板带的下部贯通纵筋，宜在距柱面 2 倍板厚以外连接，采用搭接时钢筋端部宜设置垂直于板面的弯钩。

（2）板带端支座纵向钢筋构造

板带端支座纵向钢筋构造，见图 5-17。

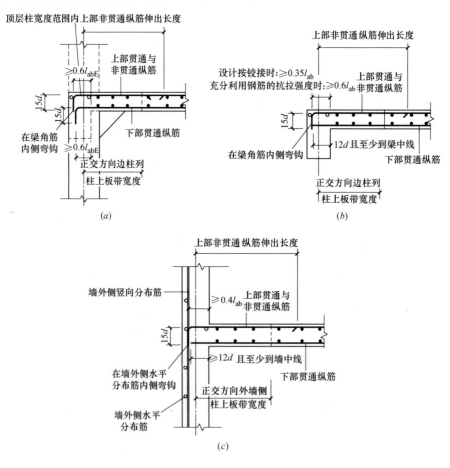

图 5-17　板带端支座纵向钢筋构造

（板带上部非贯通纵筋向跨内伸出长度按设计标注）

（a）柱上板带与柱连接；（b）跨中板带与梁连接；（c）跨中板带与剪力墙中间层连接

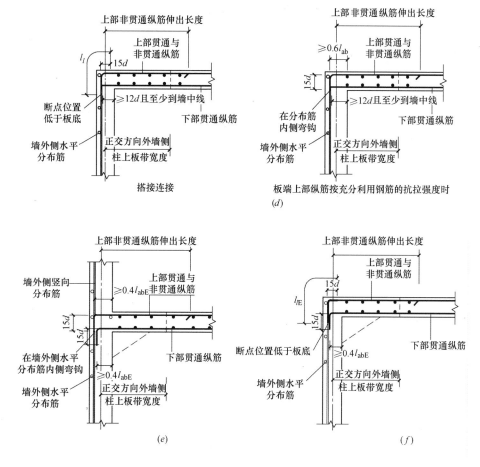

图5-17　板带端支座纵向钢筋构造（续）

（板带上部非贯通纵筋向跨内伸出长度按设计标注）

（d）跨中板带与剪力墙墙顶连接；（e）柱上板带与剪力墙中间层连接；（f）柱上板带与剪力墙墙顶连接

1）图中，柱上板带上部贯通纵筋与非贯通纵筋伸至柱内侧弯折$15d$，水平段锚固长度$\geqslant 0.6l_{abE}$。跨中板带上部贯通纵筋与非贯通纵筋伸至柱内侧弯折$15d$，当设计按铰接时，水平段锚固长度$\geqslant 0.35l_{ab}$；当设计充分利用钢筋的抗拉强度时，水平段锚固长度$\geqslant 0.6l_{ab}$。

2）跨中板带与剪力墙墙顶连接时，图5-17（d）做法由设计指定。

5.2　板钢筋下料计算

5.2.1　板上部贯通纵筋的计算

1. 端支座为梁时板上部贯通纵筋计算方法

（1）计算板上部贯通纵筋的根数

按照 16G101-1 图集的规定，第一根贯通纵筋在距梁边为 1/2 板筋间距处开始设置。这样，板上部贯通纵筋的布筋范围就是净跨长度。

在这个范围内除以钢筋的间距，所得到的"间隔个数"就是钢筋的根数。

（2）计算板上部贯通纵筋的长度

板上部贯通纵筋两端伸至梁外侧角筋的内侧，再弯直钩 $15d$；当平直段长度分别 $\geqslant l_a$、$\geqslant l_{aE}$ 时可不弯折。具体的计算方法是：

1）先计算直锚长度＝梁截面宽度－保护层－梁角筋直径

2）若平直段长度分别 $\geqslant l_a$、$\geqslant l_{aE}$ 时可不弯折；否则弯直钩 $15d$。

以单块板上部贯通纵筋的计算为例：

$$板上部贯通纵筋的直段长度＝净跨长度＋两端的直锚长度 \tag{5-1}$$

2. 端支座为剪力墙时板上部贯通纵筋计算方法

（1）计算板上部贯通纵筋的根数

按照 16G101-1 图集的规定，第一根贯通纵筋在距墙边为 1/2 板筋间距处开始设置。这样，板上部贯通纵筋的布筋范围＝净跨长度。

在这个范围内除以钢筋的间距，所得到的"间隔个数"就是钢筋的根数。

（2）计算板上部贯通纵筋的长度

板上部贯通纵筋两端伸至剪力墙外侧水平分布筋的内侧，弯锚长度为 l_{aE}。具体的计算方法是：

1）先计算直锚长度＝墙厚度－保护层－墙身水平分布筋直径

2）再计算弯钩长度＝l_{aE}－直锚长度

以单块板上部贯通纵筋的计算为例：

$$板上部贯通纵筋的直段长度＝净跨长度＋两端的直锚长度 \tag{5-2}$$

5.2.2 板下部贯通纵筋的计算

1. 端支座为梁时板下部贯通纵筋计算方法

（1）计算板下部贯通纵筋的根数

计算方法和前面介绍的板上部贯通纵筋根数算法是一致的。即：

按照 16G101-1 图集的规定，第一根贯通纵筋在距梁边为 1/2 板筋间距处开始设置。这样，板上部贯通纵筋的布筋范围＝净跨长度。

在这个范围内除以钢筋的间距，所得到的"间隔个数"就是钢筋的根数。

（2）计算板下部贯通纵筋的长度

具体的计算方法一般为：

1）先选定直锚长度＝梁宽/2。

2）再验算一下此时选定的直锚长度是否 $\geqslant 5d$——如果满足"直锚长度 $\geqslant 5d$"，则没有问题；如果不满足"直锚长度 $\geqslant 5d$"，则取定 $5d$ 为直锚长度（实际工程中，1/2 梁厚一般都能够满足"$\geqslant 5d$"的要求）。

以单块板下部贯通纵筋的计算为例：

$$板下部贯通纵筋的直段长度＝净跨长度＋两端的直锚长度 \tag{5-3}$$

2. 端支座为剪力墙时板下部贯通纵筋计算方法

（1）计算板下部贯通纵筋的根数

计算方法和前面介绍的板上部贯通纵筋根数算法是一致的。

（2）计算板下部贯通纵筋的长度

具体的计算方法一般为：

1）先选定直锚长度＝墙厚/2。

2）再验算一下此时选定的直锚长度是否$\geqslant 5d$——如果满足"直锚长度$\geqslant 5d$"，则没有问题；如果不满足"直锚长度$\geqslant 5d$"，则取定$5d$为直锚长度（实际工程中，1/2墙厚一般都能够满足"$\geqslant 5d$"的要求）。

以单块板下部贯通纵筋的计算为例：

$$板下部贯通纵筋的直段长度＝净跨长度＋两端的直锚长度 \tag{5-4}$$

5.2.3 扣筋计算

扣筋是指板支座上部非贯通筋，是一种在板中应用得比较多的钢筋。在一个楼层中，扣筋的种类是最多的，因此在板钢筋计算中，扣筋的计算占了相当大的比重。

1. 扣筋计算的基本原理

扣筋的形状为"⌐⎺⎺⌐"形，包括两条腿和一个水平段。

1）扣筋腿的长度与所在楼板的厚度有关。

① 单侧扣筋：

$$扣筋腿的长度＝板厚度－15(可把扣筋的两条腿采用同样的长度) \tag{5-5}$$

② 双侧扣筋（横跨两块板）：

$$扣筋腿1的长度＝板1的厚度－15 \tag{5-6}$$

$$扣筋腿2的长度＝板2的厚度－15 \tag{5-7}$$

2）扣筋的水平段长度可根据扣筋延伸长度的标注值来计算。如果只根据延伸长度标注值还无法计算的话，则还需依据平面图板的相关尺寸进行计算。

2. 横跨在两块板中的"双侧扣筋"的扣筋计算

横跨在两块板中的"双侧扣筋"的扣筋计算如下：

1）双侧扣筋（两侧都标注延伸长度）：

$$扣筋水平段长度＝左侧延伸长度＋右侧延伸长度 \tag{5-8}$$

2）双侧扣筋（单侧标注延伸长度）表明该扣筋向支座两侧对称延伸，其计算公式为：

$$扣筋水平段长度＝单侧延伸长度×2 \tag{5-9}$$

3. 需要计算端支座部分宽度的扣筋计算

单侧扣筋，一端支承在梁（墙）上，另一端伸到板中，其计算公式为：

$$扣筋水平段长度＝单侧延伸长度＋端部梁中线至外侧部分长度 \tag{5-10}$$

4. 横跨两道梁的扣筋计算

（1）在两道梁之外都有伸长度

$$扣筋水平段长度＝左侧延伸长度＋两梁的中心间距＋右侧延伸长度 \qquad (5-11)$$

（2）仅在一道梁之外有延伸长度

$$扣筋水平段长度＝单侧延伸长度＋两梁的中心间距＋端部梁中线至外侧部分长度$$

$$(5-12)$$

其中：

$$端部梁中线至外侧部分的扣筋长度＝梁宽度/2－保护层－梁纵筋直径 \qquad (5-13)$$

5. 贯通全悬挑长度的扣筋计算

贯通全悬挑长度的扣筋的水平段长度计算公式如下：

$$扣筋水平段长度＝跨内延伸长度＋梁宽/2＋悬挑板的挑出长度－保护层 \qquad (5-14)$$

6. 扣筋分布筋的计算

（1）扣筋分布筋根数的计算原则

1）扣筋拐角处必须布置一根分布筋。

2）在扣筋的直段范围内按分布筋间距进行布筋。板分布筋的直径和间距在结构施工图的说明中有明确的规定。

3）当扣筋横跨梁（墙）支座时，在梁（墙）宽度范围内不布置分布筋，此时应当分别对扣筋的两个延伸净长度计算分布筋的根数。

（2）扣筋分布筋的长度 扣筋分布筋的长度无需按照全长计算。由于在楼板角部矩形区域，横竖两个方向的扣筋相互交叉，互为分布筋，因此这个角部矩形区域不应再设置扣筋的分布筋，否则，四层钢筋交叉重叠在一块，混凝土无法覆盖住钢筋。

7. 一根完整的扣筋的计算过程

1）计算扣筋的腿长。如果横跨两块板的厚度不同，则扣筋的两腿长度要分别进行计算。

2）计算扣筋的水平段长度。

3）计算扣筋的根数。如果扣筋的分布范围为多跨，也还需"按跨计算根数"，相邻两跨之间的梁（墙）上不布置扣筋。

4）计算扣筋的分布筋。

5.3 板钢筋下料实例

【例 5-1】 计算板的上部贯通纵筋。如图 5-18 所示，板 LB1 的集中标注为 LB1，$h=$ 100，B：X&YΦ8@150，T：X&YΦ8@150。

LB1 的大边尺寸为 3500mm×7000mm，在板的左下角设有两个并排的电梯井（尺寸为 2400mm×4800mm）。该板右边的支座为框架梁 KL3（250mm×650mm），板的其余各边均为剪力墙结构（厚度为 280mm），混凝土强度等级 C40，二级抗震等级。墙身水平分布筋直径为 14mm，KL3 上部纵筋直径为 20mm。

【解】

（1）X 方向的上部贯通纵筋计算

1）长筋

① 钢筋长度计算

（轴线跨度 3500mm；左支座为剪力墙，厚度 280mm；右支座为框架梁，宽度 250mm）

左支座直锚长度 $= l_{aE}$

$= 29d$

$= 29 \times 8$

$= 232mm$

右支座直锚长度 $= 250 - 25 - 20$

$= 205mm$

上部贯通纵筋的直段长度 $= (3500 - 150 - 125) + 232 + 205$

$= 3662mm$

右支座弯钩长度 $= l_{aE} -$ 直锚长度

$= 29d - 205$

$= 29 \times 8 - 205$

$= 27mm$

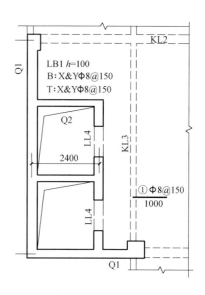

图 5-18 板 LB1 示意

上部贯通纵筋的左端无弯钩。

② 钢筋根数计算

（轴线跨度 2100mm；左端到 250mm 剪力墙的右侧；右端到 280mm 框架梁的左侧）

钢筋根数 $= [(2100 - 125 - 150) + 21 + 37.5]/150$

$= 13$ 根

2）短筋

① 钢筋长度计算

（轴线跨度 1200mm；左支座为剪力墙，厚度为 250mm；右支座为框架梁，宽度 250mm）

左支座直锚长度 $= l_{aE}$

$= 29d$

$= 29 \times 8$

$= 232mm$

右支座直锚长度 $= 250 - 25 - 20$

$= 205mm$

上部贯通纵筋的直段长度 $= (1200 - 125 - 125) + 232 + 205$

$$=1387\text{mm}$$

右支座弯钩长度$=l_{aE}-$直锚长度

$$=29d-205$$

$$=29\times8-205$$

$$=27\text{mm}$$

上部贯通纵筋的左端无弯钩。

② 钢筋根数计算

（轴线跨度 4800mm；左端到 280mm 剪力墙的右侧；右端到 250mm 剪力墙的右侧）

$$钢筋根数=[(4800-150+125)+21-21]/150$$

$$=32\ 根$$

（2）Y 方向的上部贯通纵筋计算

1）长筋

① 钢筋长度计算

（轴线跨度 7000mm；左支座为剪力墙，厚度 280mm；右支座为框架梁，宽度 280mm）

左支座直锚长度$=l_{aE}$

$$=29d$$

$$=29\times8$$

$$=232\text{mm}$$

右支座直锚长度$=l_{aE}$

$$=29d$$

$$=29\times8$$

$$=232\text{mm}$$

$$上部贯通纵筋的直段长度=(7000-150-150)+232+232$$

$$=7164\text{mm}$$

上部贯通纵筋的两端无弯钩。

② 钢筋根数计算

（轴线跨度 1200mm；左支座为剪力墙，厚度 250mm；右支座为框架梁，宽度 250mm）

$$钢筋根数=[(1200-125-125)+21+36]/150$$

$$=7\ 根$$

2）短筋

① 钢筋长度计算

（轴线跨度 2100mm；左支座为剪力墙，厚度 250mm；右支座为框架梁，宽度 280mm）

左支座直锚长度$=l_{aE}$

$$=29d$$

$$=29 \times 8$$

$$=232mm$$

右支座直锚长度$=l_{aE}$

$$=29d$$

$$=29 \times 8$$

$$=232mm$$

上部贯通纵筋的直段长度$=(2100-125-150)+232+232$

$$=2289mm$$

上部贯通纵筋的两端无弯钩。

② 钢筋根数计算

（轴线跨度2400mm；左支座为剪力墙，厚度280mm；右支座为框架梁，宽度250mm）

$$钢筋根数=[(2400-150+125)+21-21]/150$$

$$=16根$$

【**例 5-2**】 LB5平法施工图，见图5-19。其中，混凝土强度等级为C30，抗震等级为一级。试求LB5的板顶筋。

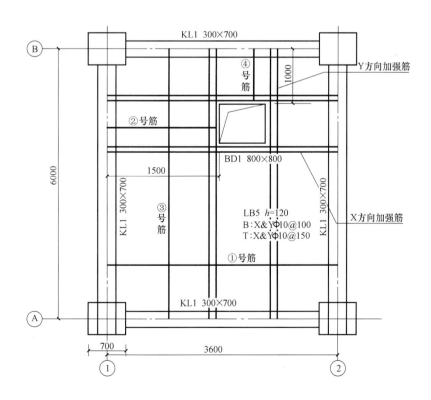

图 5-19 LB5 平法施工图

【解】

由混凝土强度等级 C30 和一级抗震可知：梁钢筋混凝土保护层厚度 $c_梁$＝20mm，板钢筋混凝土保护层厚度 $c_板$＝15mm。

(1) ①号板顶筋长度＝净长＋端支座锚固

由于(支座宽－c＝300－20＝280mm)＜(l_{aE}＝35×10＝350mm)，故采用弯锚形式。

$$总长＝3600－300＋2×(300－20＋15×10)$$
$$＝4160mm$$

(2) ②号板顶筋（右端在洞边下弯）

长度＝净长＋左端支座锚固＋右端下弯长度

由于（支座宽－c＝300－20＝280mm)＜(l_{aE}＝35×10＝350mm)，故采用弯锚形式。

右端下弯长度＝120－2×15
$$＝90mm$$

总长＝(1500－150－15)＋300－20＋15×10＋90
$$＝1855mm$$

(3) ③号板顶筋长度＝净长＋端支座锚固＋弯钩长度

端支座弯锚长度＝300－20＋15×10
$$＝430mm$$

总长＝6000－300＋2×430
$$＝6580mm$$

(4) ④号板顶筋（下端在洞边下弯）

长度＝净长＋上端支座锚固＋下端下弯长度

端支座弯锚长度＝300－20＋15×10
$$＝430mm$$

下端下弯长度＝120－2×15
$$＝90mm$$

总长＝(1000－150－20)＋430＋90
$$＝1350mm$$

(5) X 方向洞口加强筋：同①号筋。

(6) Y 方向洞口加强筋：同③号筋。

【例 5-3】 如图 5-20 所示，一个横跨一道框架梁的双侧扣筋③号钢筋，扣筋的两条腿分别伸到 LB1 和 LB2 两块板中，LB1 的厚度为 120mm，LB2 的厚度为 100mm。

在扣筋的上部标注：③φ10 @ 150 (2)，在扣筋下部的左侧标注：2000，在扣筋下部的右侧标注：1500。

扣筋标注的所在跨及相邻的轴线跨度均为 3500mm，两跨之间的框架梁 KL1 的宽度为 200mm，均为正中轴线。扣筋分布筋为φ8 @ 200。

【解】

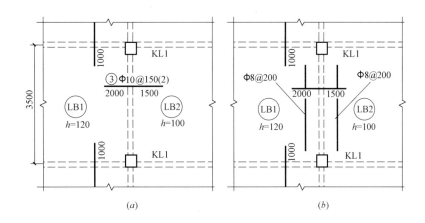

图 5-20　扣筋计算示意图

(a) 扣筋长度及根数计算；(b) 扣筋的分布筋计算

（1）计算扣筋的腿长

扣筋腿 1 的长度＝LB1 的厚度－15

　　　　　　　　　＝120－15

　　　　　　　　　＝105mm

扣筋腿 2 的长度＝LB2 的厚度－15

　　　　　　　　　＝100－15

　　　　　　　　　＝85mm

（2）计算扣筋的水平段长度

扣筋水平段长度＝2000＋1500

　　　　　　　＝3500mm

（3）计算扣筋的根数

单跨的扣筋根数＝(3300－50×2)/150＋1

　　　　　　　＝22＋1

　　　　　　　＝23 根

两跨的扣筋根数＝23×2

　　　　　　　＝46 根

（4）计算扣筋的分布筋

计算扣筋分布筋长度的基数为 3300mm，还要减去另向钢筋的延伸净长度，再加上搭接长度 150mm。

如果另向钢筋的延伸长度为 1000mm，延伸净长度＝1000－100＝900mm，则扣筋分布筋长度＝3300－900×2＋150×2＝1800mm

扣筋分布筋的根数：

扣筋左侧的分布筋根数＝(2000－100)/200＋1

$$=10+1$$

$$=11 \text{ 根}$$

扣筋右侧的分布筋根数$=(1500-100)/200+1$

$$=7+1$$

$$=8 \text{ 根}$$

参 考 文 献

[1] 中国建筑标准设计研究院. 16G101-1混凝土结构施工图平面整体表示方法制图规则和构造详图（现浇混凝土框架、剪力墙、梁、板）. 北京：中国计划出版社，2016.

[2] 国家标准. 中国地震动参数区划图 GB 18306—2015 [S]. 北京：中国标准出版社，2016.

[3] 国家标准. 建筑地基基础设计规范 GB 50007—2011 [S]. 北京：中国计划出版社，2012.

[4] 国家标准. 混凝土结构设计规范（2015年版） GB 50010—2010 [S]. 北京：中国建筑工业出版社，2015.

[5] 国家标准. 建筑抗震设计规范 GB 50011—2010 [S]. 北京：中国建筑工业出版社，2010.

[6] 国家标准. 建筑结构制图标准 GB/T 50105—2010 [S]. 北京：中国建筑工业出版社，2011.

[7] 行业标准. 高层建筑混凝土结构技术规程 JGJ 3—2010 [S]. 北京：中国建筑工业出版社，2010.

[8] 李守巨. 例解钢筋下料方法 [M]. 北京：知识产权出版社，2016.

[9] 上官子昌. 11G101图集应用——平法钢筋下料 [M]. 北京：中国建筑工业出版社，2013.

[10] 上官子昌. 平法钢筋翻样与下料100问 [M]. 北京：化学工业出版社，2014.

[11] 张军. 钢筋下料方法与计算实例教程 [M]. 江苏：江苏科学技术出版社，2013.